DESCIFRANDO LA MECÁNICA CUÁNTICA

EXPLICACIÓN DE LOS CONCEPTOS CLAVE PARA PRINCIPIANTES

DAVID SANDUA

Descifrando la Mecánica Cuántica.
© David Sandua 2024. Todos los derechos reservados.
Edición electrónica y en rústica.

"La mecánica cuántica es la física de lo posible: la realidad es un sueño".

Albert Einstein

ÍNDICE

I. INTRODUCCIÓN A LA MECÁNICA CUÁNTICA 13
    DEFINICIÓN DE MECÁNICA CUÁNTICA 14
    IMPORTANCIA EN LA FÍSICA MODERNA 15
    RESUMEN DE LA ESTRUCTURA DEL ENSAYO 16

II. CONTEXTO HISTÓRICO 18
    FÍSICA DE PRINCIPIOS DEL SIGLO XX 19
    CIENTÍFICOS CLAVE Y SUS CONTRIBUCIONES 20
    HITOS EN EL DESARROLLO DE LA TEORÍA CUÁNTICA 21

III. DUALIDAD ONDA-PARTÍCULA 22
    CONCEPTO DE DUALIDAD 23
    EXPERIMENTOS QUE DEMUESTRAN LA DUALIDAD 24
    IMPLICACIONES PARA LA COMPRENSIÓN DE LA MATERIA 25

IV. EL ESTADO CUÁNTICO Y LA SUPERPOSICIÓN 26
    EXPLICACIÓN DE LOS ESTADOS CUÁNTICOS 27
    PRINCIPIO DE SUPERPOSICIÓN 28
    EXPERIMENTOS MENTALES E ILUSTRACIONES 29

V. ENTRELAZAMIENTO CUÁNTICO 30
    DEFINICIÓN Y PRINCIPIOS BÁSICOS 31
    LA PARADOJA EPR Y EL TEOREMA DE BELL 32
    IMPLICACIONES PARA LA TEORÍA DE LA INFORMACIÓN 33

VI. EL PRINCIPIO DE INCERTIDUMBRE 34
    LA CONTRIBUCIÓN DE HEISENBERG 35
    LÍMITES DE MEDICIÓN Y PRECISIÓN 36
    IMPLICACIONES FILOSÓFICAS 37

VII. LA FUNCIÓN DE ONDA 38
    PAPEL EN LA MECÁNICA CUÁNTICA 39
    INTERPRETACIÓN DE LA FUNCIÓN DE ONDA 40
    PROBABILIDAD Y MEDIDA 41

VIII. LA ECUACIÓN DE SCHRÖDINGER 42
    INTRODUCCIÓN A LA ECUACIÓN 43
    FORMAS DEPENDIENTES DEL TIEMPO FRENTE A FORMAS INDEPENDIENTES DEL TIEMPO 44
    COMPRENSIÓN CONCEPTUAL SIN MATEMÁTICAS 45

IX. TÚNEL CUÁNTICO 46
    EXPLICACIÓN DEL FENÓMENO 47
    APLICACIONES EN ELECTRÓNICA 48
    DESAFÍOS CONCEPTUALES 49

X. COMPUTACIÓN CUÁNTICA 50
    FUNDAMENTOS DE LOS ORDENADORES CUÁNTICOS 51
    QUBITS Y SUPREMACÍA CUÁNTICA 52
    IMPACTO POTENCIAL EN LA SOCIEDAD 53

XI. CRIPTOGRAFÍA CUÁNTICA 54
    PRINCIPIOS DE LA ENCRIPTACIÓN CUÁNTICA 55

DISTRIBUCIÓN CUÁNTICA DE CLAVES (QKD) 56
EL FUTURO DE LA COMUNICACIÓN SEGURA 57

XII. TELETRANSPORTE CUÁNTICO 58
MARCO TEÓRICO 59
REALIZACIONES EXPERIMENTALES 60
CONCEPTOS ERRÓNEOS Y ACLARACIONES 61

XIII. PROBLEMA DE LA MEDICIÓN 62
EL EFECTO OBSERVADOR 63
COLAPSO DE LA FUNCIÓN DE ONDA 64
INTERPRETACIONES Y CONTROVERSIAS 65

XIV. INTERPRETACIÓN DE COPENHAGUE 66
VISIÓN GENERAL DE LA INTERPRETACIÓN 67
FUNDAMENTOS FILOSÓFICOS 68
CRÍTICAS Y ALTERNATIVAS 69

XV. INTERPRETACIÓN DE MUCHOS MUNDOS 70
EXPLICACIÓN DE LA TEORÍA DE EVERETT 71
IMPLICACIONES PARA LA REALIDAD 72
DEBATE Y ACEPTACIÓN 73

XVI. TEORÍA DE LA DESCOHERENCIA 74
PAPEL EN LA MECÁNICA CUÁNTICA 75
EXPLICACIÓN DE LA TRANSICIÓN CLÁSICA 76
RESOLUCIÓN DE PROBLEMAS DE MEDICIÓN 77

XVII. TEORÍA CUÁNTICA DE CAMPOS 79
INTRODUCCIÓN A LOS CAMPOS EN MECÁNICA CUÁNTICA 80
UNIFICACIÓN DE FUERZAS 81
MODELO ESTÁNDAR DE LA FÍSICA DE PARTÍCULAS 82

XVIII. LA GRAVEDAD CUÁNTICA Y LA BÚSQUEDA DE LA UNIFICACIÓN 83
RETOS EN LA UNIFICACIÓN DE LA GRAVEDAD CON LA MECÁNICA CUÁNTICA 84
APROXIMACIONES A LA GRAVEDAD CUÁNTICA 85
IMPORTANCIA PARA LA COSMOLOGÍA 86

XIX. IMPLICACIONES FILOSÓFICAS 87
REALIDAD Y OBJETIVIDAD 88
DETERMINISMO Y LIBRE ALBEDRÍO 89
MECÁNICA CUÁNTICA Y CONCIENCIA 90

XX. LA MECÁNICA CUÁNTICA EN LA CULTURA POPULAR 91
CONCEPTOS ERRÓNEOS Y EXAGERACIONES 92
INFLUENCIA EN LA LITERATURA Y EL CINE 93
COMPRENSIÓN E INTERÉS PÚBLICOS 94

XXI. ENFOQUES EDUCATIVOS DE LA MECÁNICA CUÁNTICA 95
ENSEÑAR CONCEPTOS COMPLEJOS 96
USO DE SIMULACIONES Y VISUALIZACIONES 97
FOMENTAR LA COMPRENSIÓN INTUITIVA 98

XXII. MECÁNICA CUÁNTICA Y METAFÍSICA 99
INTERACCIÓN ENTRE FÍSICA Y FILOSOFÍA 100
PREGUNTAS SOBRE LA NATURALEZA DE LA EXISTENCIA 101
IMPACTO EN EL PENSAMIENTO TEOLÓGICO Y METAFÍSICO 102

XXIII. MECÁNICA CUÁNTICA EN BIOLOGÍA 103

EFECTOS CUÁNTICOS EN LOS SISTEMAS BIOLÓGICOS 104
INVESTIGACIÓN EN BIOLOGÍA CUÁNTICA 105
IMPLICACIONES PARA EL ESTUDIO DE LA VIDA 106

XXIV. MECÁNICA CUÁNTICA Y QUÍMICA 107
ENLACE QUÍMICO Y REACCIONES 108
QUÍMICA CUÁNTICA Y MÉTODOS COMPUTACIONALES 109
AVANCES EN CIENCIA DE MATERIALES 110

XXV. MECÁNICA CUÁNTICA Y ASTROFÍSICA 111
FENÓMENOS CUÁNTICOS EN EL ESPACIO 112
AGUJEROS NEGROS E INFORMACIÓN CUÁNTICA 113
COSMOLOGÍA CUÁNTICA 114

XXVI. MECÁNICA CUÁNTICA Y TERMODINÁMICA 115
MECÁNICA ESTADÍSTICA CUÁNTICA 116
ENTROPÍA E INFORMACIÓN 117
PROCESOS TERMODINÁMICOS CUÁNTICOS 118

XXVII. MECÁNICA CUÁNTICA Y TEORÍA DE LA INFORMACIÓN 119
CIENCIA DE LA INFORMACIÓN CUÁNTICA 120
ENREDO Y TRANSFERENCIA DE INFORMACIÓN 121
ALGORITMOS CUÁNTICOS 122

XXVIII. MECÁNICA CUÁNTICA Y MATEMÁTICAS 123
FUNDAMENTOS MATEMÁTICOS 124
PAPEL DE LA SIMETRÍA Y LA TEORÍA DE GRUPOS 125
SISTEMAS CUÁNTICOS TOPOLÓGICOS 126

XXIX. MECÁNICA CUÁNTICA Y NO LOCALIDAD 127
CONCEPTO DE INTERACCIONES NO LOCALES 128
PRUEBAS DE NO LOCALIDAD 129
IMPLICACIONES FILOSÓFICAS Y TEÓRICAS 130

XXX. MECÁNICA CUÁNTICA Y DETERMINISMO 131
NATURALEZA DETERMINISTA VS. PROBABILISTA 132
TEORÍAS DE LAS VARIABLES OCULTAS 133
IMPLICACIONES PARA LA PREVISIBILIDAD 134

XXXI. LA MECÁNICA CUÁNTICA Y LA MENTE 135
TEORÍAS DE LA CONCIENCIA 136
DINÁMICA CUÁNTICA DEL CEREBRO 137
CONTROVERSIAS Y ESPECULACIONES 138

XXXII. MECÁNICA CUÁNTICA Y ARTE 139
INTERPRETACIONES ARTÍSTICAS DE LOS CONCEPTOS CUÁNTICOS 140
INFLUENCIA EN LAS ARTES VISUALES E INTERPRETATIVAS 141
DIÁLOGOS ENTRE ARTISTAS Y FÍSICOS 142

XXXIII. MECÁNICA CUÁNTICA Y ECONOMÍA 143
TEORÍA CUÁNTICA DE LA DECISIÓN 144
APLICACIONES EN LOS MERCADOS FINANCIEROS 145
MODELIZACIÓN ECONÓMICA Y SISTEMAS CUÁNTICOS 146

XXXIV. MECÁNICA CUÁNTICA Y CIENCIA MEDIOAMBIENTAL 147
EFECTOS CUÁNTICOS EN LOS SISTEMAS CLIMÁTICOS 148
SENSORES CUÁNTICOS Y VIGILANCIA MEDIOAMBIENTAL 149
TECNOLOGÍAS ENERGÉTICAS SOSTENIBLES 150

XXXV. MECÁNICA CUÁNTICA Y NANOTECNOLOGÍA 151
Fenómenos cuánticos a nanoescala 152
Puntos cuánticos y nanodispositivos 153
El futuro de la nanociencia 154

XXXVI. MECÁNICA CUÁNTICA E INGENIERÍA 155
Disciplinas de la ingeniería cuántica 156
Materiales cuánticos y fabricación 157
Retos en el diseño de dispositivos cuánticos 158

XXXVII. MECÁNICA CUÁNTICA Y EDUCACIÓN 159
Desarrollo curricular de la Física Cuántica 160
Métodos de enseñanza innovadores 161
Preparar a los estudiantes para un futuro cuántico 162

XXXVIII. MECÁNICA CUÁNTICA Y PROPIEDAD INTELECTUAL 163
Patentar tecnologías cuánticas 164
Consideraciones legales y éticas 165
Impacto en la innovación y la investigación 166

XXXIX. MECÁNICA CUÁNTICA Y SEGURIDAD GLOBAL 167
Computación cuántica y criptografía en defensa 168
No proliferación de armas cuánticas 169
Acuerdos y normativas internacionales 170

XL. MECÁNICA CUÁNTICA Y EXPLORACIÓN ESPACIAL 171
Sensores cuánticos en naves espaciales 172
Comunicación cuántica en el espacio 173
Implicaciones para los viajes interestelares 174

XLI. MECÁNICA CUÁNTICA Y FILOSOFÍA DE LA CIENCIA 175
Realismo científico e instrumentalismo 177
Cambio de Teoría y Revoluciones Científicas 178
Mecánica cuántica y método científico 179

XLII. MECÁNICA CUÁNTICA Y LITERATURA 180
Temas literarios inspirados en la Teoría Cuántica 181
Ciencia Ficción y Mecánica Cuántica 182
Estructuras narrativas y conceptos cuánticos 183

XLIII. MECÁNICA CUÁNTICA Y ESTUDIOS DE GÉNERO 184
Perspectivas de género en la Física 185
Aportaciones de las mujeres a la ciencia cuántica 186
Abordar los prejuicios de género en los campos STEM 187

XLIV. MECÁNICA CUÁNTICA Y CIENCIAS SOCIALES 188
Impacto sociológico de los descubrimientos cuánticos 189
La Mecánica Cuántica en la Toma de Decisiones Sociales 190
Investigación y colaboración interdisciplinares 191

XLV. MECÁNICA CUÁNTICA Y ÉTICA 192
Implicaciones éticas de las tecnologías cuánticas 193
Responsabilidad en la investigación científica 194
Educación ética para científicos cuánticos 195

XLVI. MECÁNICA CUÁNTICA Y LENGUAJE 196
Terminología y comprensión conceptual 197
La lengua como herramienta para enseñar Física Cuántica 198
Comunicación de las ideas cuánticas al público 199

XLVII. MECÁNICA CUÁNTICA Y PSICOLOGÍA 200
Enfoques cognitivos de los conceptos cuánticos 201
Impacto psicológico de los descubrimientos cuánticos.. 202
La Mecánica Cuántica en la Teoría Psicológica... 203

XLVIII. LA MECÁNICA CUÁNTICA Y LAS ARTES.. 204
Intersecciones entre la Física Cuántica y la Expresión Artística 205
El arte como medio para explicar las ideas cuánticas 206
Colaboraciones entre artistas y físicos 207

XLIX. MECÁNICA CUÁNTICA E INNOVACIÓN.. 208
Impulsar los avances tecnológicos 209
Ecosistemas de Innovación Cuántica 210
Fomentar la creatividad en la investigación cuántica 211

L. LA MECÁNICA CUÁNTICA Y EL FUTURO 212
Tecnologías emergentes y su impacto.. 213
La mecánica cuántica en las sociedades del futuro 214
Especulaciones sobre la evolución de la ciencia cuántica 215

LI. CONCLUSIÓN.. 216
Resumen de los puntos clave debatidos.. 217
Reflexión sobre el papel de la mecánica cuántica en la ciencia y la tecnología........................... 218
Perspectivas y orientaciones futuras de la investigación cuántica 219

BIBLIOGRAFÍA... 220

I. Introducción a la Mecánica Cuántica

El pilar fundacional de la física contemporánea, la mecánica cuántica, inaugura una era que desafía la comprensión típica. Le dieron vida científicos de vanguardia como Max Planck, Niels Bohr y Werner Heisenberg. Esta rama de la ciencia se sumerge en el minúsculo universo para revelar los principios esenciales que rigen el comportamiento tanto de la materia como de la energía. La mecánica cuántica se ocupa principalmente de fenómenos como la superposición -una condición que permite a las partículas estar en varios estados a la vez- y el entrelazamiento cuántico, que establece un vínculo inexplicable entre las partículas independientemente del espacio que las separe. Junto con conceptos como la dualidad onda-partícula y la función de onda, estos elementos sientan las bases de la mecánica cuántica, proporcionando una nueva visión de las complejidades del universo. Al explicar estas nociones principales mediante ejemplos y elementos visuales, los principiantes pueden empezar a desentrañar los entresijos de la mecánica cuántica y reconocer su papel fundamental a la hora de moldear nuestra percepción de la realidad.

Definición de Mecánica Cuántica

La teoría fundamental de la mecánica cuántica se erige como un elemento pivotal en la arquitectura de la física contemporánea, trastocando las perspectivas convencionales sobre la existencia y revelando profundas percepciones del reino a una escala minúscula. Figuras como Max Planck, Niels Bohr y Werner Heisenberg fueron pioneros en este campo al investigar cómo funcionan las partículas y las ondas a un nivel elemental, centrándose en fenómenos como la superposición, el entrelazamiento en el contexto cuántico y la dualidad entre los aspectos onda-partícula. La superposición permite la aparición simultánea de múltiples estados dentro de las partículas. El entrelazamiento garantiza la vinculación instantánea entre partículas a pesar de las grandes separaciones, contradiciendo las antiguas percepciones sobre el tejido espacio-tiempo. El concepto relativo a la dualidad onda-partícula ilumina los atributos ambidiestros de los cuerpos cuánticos que demuestran comportamientos tanto corpusculares como ondulatorios cuando se observan de cerca. Estos principios esenciales constituyen el complejo marco de la mecánica cuántica y alteran nuestra comprensión de las complejidades del cosmos, sentando así las bases de avances revolucionarios en todos los campos tecnológicos y paradigmas teóricos de la física.

Importancia en la Física Moderna

La física moderna se apoya fundamentalmente en la disciplina de la mecánica cuántica, transformando nuestras percepciones de los constituyentes básicos del universo. Su importancia va más allá de las ideas teóricas, influyendo en desarrollos prácticos que están a la vanguardia de las tecnologías de vanguardia y el progreso científico. Los esfuerzos pioneros de innovadores como Max Planck, Niels Bohr y Werner Heisenberg han modificado indefinidamente el campo de la física, introduciendo una era dominada por fenómenos cuánticos que desafían los principios tradicionales. Nociones como la superposición, el entrelazamiento en los reinos cuánticos y la naturaleza dual de las partículas y las ondas no sólo alteran nuestra comprensión de la realidad, sino que proporcionan una base fundamental para avances tecnológicos transformadores, como la computación cuántica y los sofisticados métodos de encriptación. Para sumergirse en los futuros avances de la ciencia y las esferas tecnológicas es necesario adoptar los entresijos de la mecánica cuántica. Este esfuerzo nos conducirá hacia territorios inexplorados para comprender mejor nuestro cosmos, previendo un reino lleno de infinitas oportunidades para reimaginar lo que sabemos sobre la arquitectura de nuestro mundo.

Resumen de la estructura del ensayo

Al diseccionar el plan de ensayo de "Descifrando la Mecánica Cuántica: Conceptos clave explicados para principiantes', es fundamental desarrollar una exposición detallada que atrape e ilumine hábilmente a los lectores a los que va dirigido. El comienzo debe delinear la mecánica cuántica y destacar su importancia en la física contemporánea, trazando su linaje ancestral hasta científicos de vanguardia como Planck y Bohr. Avanzando hacia el segmento de las nociones fundamentales, es indispensable una explicación de principios fundamentales como la superposición, el entrelazamiento cuántico y la dualidad onda-partícula para comprender las complejidades de la doctrina cuántica. Los ejemplos y las descripciones vívidas son imprescindibles para dilucidar estas nociones polifacéticas a los principiantes. En cuanto a los dogmas teóricos, una descripción equitativa de las fórmulas básicas, como la ecuación de Schrödinger, combinada con diversas exégesis, como las interpretaciones de Copenhague y Everett, proporcionará una visión panorámica, al tiempo que evitará los enigmas numéricos. Ilustrar los empleos pragmáticos de la mecánica cuántica en aparatos como la informática cuántica y la criptografía acentúa su influencia tangible. Un examen imparcial debería abordar abiertamente los dilemas de la comprensión y la explicación de la mecánica cuántica, ampliando los debates a las críticas y también a las disputas que prevalecen en este ámbito. Un desenlace sólido debería amalgamar las conclusiones esenciales al tiempo que contempla las perspectivas futuras de la mecánica cuántica en los avances científicos y tecnológicos, garantizando una composición instructiva convincente que despierte aún más la curiosidad de los aficionados.

II. Contexto histórico

Profundizar en el trasfondo de la mecánica cuántica desvela una época caracterizada por las aportaciones transformadoras de notables como Werner Heisenberg, Niels Bohr y Max Planck. Originada en los albores del siglo XX, la teoría cuántica instigó un cambio en los paradigmas científicos, poniendo patas arriba las doctrinas newtonianas tradicionales al tiempo que fomentaba un refinado escrutinio dentro de los diminutos límites de las partículas. Estos innovadores sentaron las bases de principios como el entrelazamiento, los estados cuánticos y el Principio de Incertidumbre de Heisenberg, que hoy conforman nuestra comprensión de la realidad y del cosmos. Sus esfuerzos pioneros no sólo dieron origen a la mecánica cuántica, sino que también allanaron el camino hacia los saltos tecnológicos en los sectores de la encriptación y la informática, transformando así los paisajes industriales y remodelando las ideas colectivas sobre la esencia entretejida del universo. El camino de la evolución de la mecánica cuántica personifica la creatividad humana, además de una búsqueda inquebrantable para desentrañar los principales enigmas de la esfera cuántica, dirigida tanto a los novatos como a los entendidos.

Física de principios del siglo XX

En los albores del siglo XX, se produjo una importante transformación en la física con la irrupción en escena de la mecánica cuántica, que planteó desafíos a las teorías tradicionales y alteró nuestra comprensión de las partículas diminutas. Estudiosos europeos como Max Planck, Niels Bohr y Werner Heisenberg estuvieron a la vanguardia de esta revolución, aportando ideas radicales que aún influyen en la física y los avances tecnológicos actuales. El establecimiento de nociones fundamentales como los estados cuánticos, las partículas entrelazadas, el Principio de Incertidumbre de Heisenberg y los aspectos duales de ondas y partículas sentaron las bases de este novedoso marco. Estas nociones se enfrentaron a dudas iniciales, pero encontraron usos en el mundo real en ámbitos como la computación, los métodos de telecomunicación, a través de la velocidad avanzada en los cálculos y una mayor protección mediante conceptos como la superposición de fluidos dentro de complejidades que se ramifican más allá de la mera expansión de las fronteras de la investigación científica; incitaron meditaciones sobre la esencia de la existencia junto con consideraciones sobre cómo podrían estar entrelazadas las figuras cuánticas. Aventurarse en la física de principios del siglo XX establece una plataforma elemental para los principiantes deseosos de desentrañar las complicaciones de la mecánica cuántica, ofreciendo densos conocimientos históricos junto con una base conceptual propicia para una investigación más amplia.

Científicos clave y sus contribuciones

En el ámbito de la mecánica cuántica, intelectuales de primera fila como Max Planck, Niels Bohr y Werner Heisenberg han realizado contribuciones esenciales, cuyos esfuerzos pioneros han moldeado significativamente la física contemporánea. La iniciación de la cuantización de la energía y la aparición de la teoría cuántica por Planck sentaron las bases cruciales para posteriores investigaciones en este campo. A la inversa, las investigaciones de Bohr en el marco atómico y su formulación de la Interpretación de Copenhague cuestionaron las perspectivas cósmicas convencionales. La introducción de un nuevo grado de imprevisibilidad en la dimensión cuántica mediante el Principio de Incertidumbre de Heisenberg socavó los puntos de vista deterministas. Acompañados por figuras como Dirac y Feynman, estos académicos han facilitado los avances tecnológicos y han profundizado en nuestra comprensión filosófica de la existencia, revelando cuán interconectados están los elementos cuánticos por excelencia con complejas corrientes subterráneas que definen la esencia de nuestro cosmos. Sus obras seminales perduran como catalizadores que impulsan los esfuerzos de investigación en sectores como la informática cuántica y las tecnologías de la comunicación, trascendiendo las limitaciones al tiempo que revolucionan nuestra visión empírica del mundo.

Hitos en el desarrollo de la teoría cuántica

Desentrañar los momentos clave en la progresión de la teoría cuántica revela un intrigante viaje repleto de importantes descubrimientos científicos y cambios de paradigma. La transición de la mecánica clásica a la física cuántica se destacó por las contribuciones esenciales de pioneros como Planck, Bohr y Heisenberg, que trastornaron las creencias tradicionales con sus ideas revolucionarias. Los principales hitos comprenden la formación de la teoría cuántica de campos por Dirac y Feynman, que dilucidó las interacciones de las partículas y las fuerzas presentes en la naturaleza, junto con la Interpretación de Copenhague que sugirió resultados basados en la probabilidad dentro del dominio cuántico. Estos puntos cruciales transformaron la física contemporánea y las aplicaciones tecnológicas, creando vías para avances en áreas como la informática y la criptografía. Comprender estas coyunturas críticas es vital para los principiantes que se aventuran en el intrincado mundo de la mecánica cuántica, ya que ofrecen una base para aprehender la esencia interconectada de la realidad junto con los misterios universales mediante el asombro y la indagación con ojos claros.

III. Dualidad onda-partícula

El principio de la dualidad onda-partícula, una idea clave de la mecánica cuántica, da un vuelco a los puntos de vista tradicionales al desvelar el doble aspecto de las partículas como ondas y como partículas. Demostrada vívidamente en el famoso experimento de la doble rendija, esta dualidad revela las desconcertantes acciones de las entidades cuánticas, en las que las partículas muestran características afines a las ondas y a la inversa. Comprender este concepto es vital para entender la esencia entrelazada de los sistemas cuánticos y sus reglas de funcionamiento no tradicionales. Sumergirse en la dualidad onda-partícula ayuda a los principiantes a descubrir el complejo vínculo entre partículas y ondas, facilitando así un conocimiento más profundo de la mecánica cuántica. Esta noción no sólo acentúa los atributos crípticos de los seres cuánticos, sino que también hace hincapié en la revisión de las teorías físicas ortodoxas, sentando las bases para nuevas investigaciones y descubrimientos dentro del dominio de la mecánica cuántica.

Concepto de dualidad

En mecánica cuántica, el principio de dualidad muestra el sorprendente escenario en el que las partículas muestran características de ondas y partículas a la vez, lo que supone un desafío a los principios de la física clásica. Plasmada en el notable experimento de la doble rendija, la dualidad onda-partícula pone de relieve la incertidumbre inherente que yace en el núcleo de los seres cuánticos. Esta naturaleza dual oscurece las antiguas distinciones trazadas entre ondas y partículas, provocando una reconsideración de nuestra comprensión de la realidad y de lo que constituye la existencia. Vista a través del prisma de la dualidad, la mecánica cuántica despliega una compleja red dentro del universo microscópico, insinuando una capa subyacente de realidad invisible a nuestras observaciones típicas. Investigar la noción de dualidad de la mecánica cuántica abre las puertas a la descodificación de las complejidades del universo, animando a los novatos a reflexionar sobre el desconcertante abanico de resultados potenciales y ambigüedades de este campo científico que definen su peculiar dominio.

Experimentos que demuestran la dualidad

El fenómeno de la dualidad dentro de la mecánica cuántica se erige como una desconcertante contradicción con nuestras percepciones tradicionales, afirmando que las entidades pueden existir como ondas y como partículas. El experimento de la doble rendija, entre otros, muestra este atributo de confusión en el que las entidades muestran características tanto de onda como de partícula según los métodos de observación. Este principio clave no sólo desafía la visión estándar de la realidad, sino que también pone de relieve las profundas conexiones entre los elementos cuánticos. A través de estos experimentos, los recién llegados pueden comprender la compleja dinámica en juego en los fenómenos cuánticos y apreciar su significativo impacto en la ciencia y los avances tecnológicos. A medida que los recién llegados se adentran en estos experimentos básicos que demuestran la dualidad, se adentran en el misterioso mundo de la mecánica cuántica, lo que les lleva a replantearse sus puntos de vista sobre la estructura del universo y la esencia de la materia, adquiriendo así una comprensión avanzada de este innovador campo.

Implicaciones para la comprensión de la materia

Se despliegan los profundos efectos de la mecánica cuántica en nuestra comprensión de la materia, revelando cómo las partículas y los campos están profundamente interconectados. Al sacar a la luz ideas como el entrelazamiento cuántico y la naturaleza dual de onda-partícula, se enturbian las aguas para las interpretaciones clásicas de lo que es la materia. El manuscrito profundiza en cómo tanto el Principio de Incertidumbre como el Efecto observado por los participantes señalan el carácter inestable e imprevisible de la materia cuando se examina a escala cuántica, lo que conduce a un cambio revolucionario de nuestra perspectiva sobre los componentes básicos del universo. Motiva a los novatos a cuestionar las viejas percepciones sobre el comportamiento de la materia, sentando las bases para comprender más a fondo el complejo entramado de la realidad. Estas implicaciones extraídas de las nociones cuánticas para desentrañar el núcleo de la sustancia material subrayan la necesidad de una mentalidad adaptable y no rígida para sumergirse en los enigmas del reino microscópico.

IV. El estado cuántico y la superposición

Profundizar en el complejo dominio de la mecánica cuántica revela el papel fundamental que desempeñan el estado cuántico y la superposición, desafiando nuestras creencias convencionales sobre la realidad. La totalidad de la información de un sistema cuántico se captura en su estado cuántico, poniendo de relieve sus incertidumbres y probabilidades inherentes. La superposición introduce una enigmática contradicción en este marco, al permitir que las partículas coexistan en varios estados a la vez hasta que se miden, oponiéndose tajantemente al razonamiento clásico. Estos fenómenos no sólo subrayan las características inherentemente impredecibles de la mecánica cuántica, sino que también anuncian avances revolucionarios en áreas como la informática cuántica y la criptografía. Al comprender el quid de la superposición y el estado cuántico, los principiantes pueden penetrar más profundamente en los apasionantes entresijos que definen la mecánica cuántica, desvelando así su capacidad para remodelar nuestro futuro panorama tecnológico y nuestras modalidades científicas. Con lúcidas explicaciones acompañadas de casos ilustrativos, las personas pueden viajar a través del laberinto teórico de estos conceptos fundamentales, preparándose para una comprensión enriquecida del cosmos atómico junto con su asombrosa influencia en la forma en que interpretamos tanto la existencia como la inmensidad cosmológica.

Explicación de los estados cuánticos

Comprender las complejidades de la mecánica cuántica depende fundamentalmente de una comprensión profunda de los estados cuánticos. Estos estados describen las configuraciones potenciales en las que puede encontrarse un sistema cuántico, destacando la ambigüedad y el solapamiento inherentes al dominio cuántico. Descritos mediante funciones de onda -representaciones matemáticas que definen las probabilidades de resultado tras la observación-, estos estados captan la complejidad dentro de su ámbito. El entrelazamiento, en el que los atributos de las partículas están interconectados independientemente de la separación espacial, trastoca las ideas tradicionales sobre las propiedades relacionadas con el espacio. Esta naturaleza entrelazada saca a la luz la noción de dualidad onda-partícula, ilustrando cómo las partículas pueden mostrar características afines tanto a las ondas como a entidades distintas en función de cómo se realicen las observaciones. La comprensión de los estados cuánticos ofrece una visión de las interacciones probabilísticas y los determinantes centrales para dominar los principios fundamentales de la mecánica cuántica, desvelando así nuevas perspectivas sobre la esencia de este universo enigmático pero cautivador.

Principio de superposición

Como idea angular en el estudio de la mecánica cuántica, el Principio de Superposición desafía fundamentalmente nuestros puntos de vista tradicionales sobre la realidad y abre nuevas puertas a los novatos que se aventuran en este intrincado dominio. Postula que, hasta que se realiza una observación, un sistema cuántico permanece en todos los estados posibles a la vez, representando no sólo una condición determinada, sino más bien una multitud de potencialidades. Esta noción, sacada a la luz por figuras como Schrödinger, subraya la profunda incertidumbre y las complejas relaciones dentro del universo cuántico, ilustrando cómo las partículas pueden mostrar características similares a las ondas y existir en diversos estados a la vez. Comprender la superposición es crucial para entender los extraños comportamientos de los objetos cuánticos y prepara el terreno para profundizar en fenómenos como la dualidad onda-partícula y el entrelazamiento cuántico. Al dominar la superposición, los recién llegados a este campo pueden descifrar la elaborada estructura de la mecánica cuántica y reconocer la interacción dinámica que define nuestro cosmos.

Experimentos mentales e ilustraciones

Al profundizar en el dominio de la mecánica cuántica para principiantes, las ilustraciones y los ejercicios mentales son cruciales para que las ideas intrincadas resulten claras y profundas. Ejercicios mentales como el amigo de Wigner o el gato de Schrödinger actúan como herramientas cerebrales para trastocar la comprensión tradicional y estimular la reflexión en profundidad sobre la esencia de los fenómenos cuánticos. Al introducir situaciones imaginarias que chocan con la lógica clásica, estas aventuras mentales animan a los alumnos a luchar con la imprevisibilidad y la vinculación intrínseca que se encuentra dentro de la mecánica cuántica. Las ayudas visuales como las visualizaciones del entrelazamiento cuántico o el experimento de la doble rendija ayudan a incorporar nociones abstractas como la dualidad onda-partícula y la superposición. A través de representaciones visuales y aventuras mentales, los recién llegados pueden interactuar con las principales teorías cuánticas de forma perspicaz y perceptible, facilitando una comprensión avanzada de las implicaciones del universo cuántico para la física contemporánea y los avances tecnológicos.

V. Entrelazamiento cuántico

Comprender la esencia del entrelazamiento cuántico es esencial para que los novatos desentrañen los enigmas de la mecánica cuántica al aventurarse en las complejidades del reino de los cuantos. Denominado por Einstein "espeluznante acción a distancia", el entrelazamiento cuántico significa que las partículas permanecen profundamente unidas, independientemente de su separación espacial. Este estado de entrelazamiento hace que atributos correlacionados, como el espín o la polarización, permanezcan conectados a pesar de estar a kilómetros de distancia, insinuando alguna forma de vínculo invisible que trasciende la comprensión tradicional. Investigar este fenómeno abre las puertas a la comprensión de la no localidad y la posible interconexión que acecha en los marcos cuánticos. A través de la aclaración de estas conexiones enmarañadas, los novatos podrían empezar a descifrar las complejidades inherentes a la mecánica cuántica y sus ramificaciones para nuestra percepción de la realidad y la existencia del cosmos.

Definición y principios básicos

Para que los principiantes desentrañen el complejo dominio de la mecánica cuántica, es crucial comprender primero su definición y sus principios fundamentales. En el núcleo de la física moderna, la mecánica cuántica explora las acciones de las partículas a nivel subatómico y las funciones elementales del universo. Este campo fue forjado por el genio colectivo de individuos como Max Planck, Niels Bohr y Werner Heisenberg, que fueron más allá de las creencias tradicionales para introducir una perspectiva revolucionaria de la realidad. Conceptos fundamentales como la superposición, el entrelazamiento en los reinos cuánticos, la dualidad entre ondas y partículas, junto con las teorías de la función de onda, son esenciales para construir una comprensión de la teoría cuántica; esto a menudo requiere ayudas visuales claras y ejemplos concretos para una mejor comprensión. Estas ideas introducen capas de imprevisibilidad y fenómenos interconectados que conducen a discusiones teóricas más profundas sobre entidades como la ecuación de Schrödinger, así como a distintas interpretaciones, incluidas las de las perspectivas de Copenhague y de los Mundos Múltiples. Sumergirse en el desconcertante mundo de la mecánica cuántica permite a los recién llegados apreciar cómo influye significativamente en áreas como la informática cuántica y la tecnología de encriptación, al tiempo que fomenta debates críticos sobre sus complejidades, las críticas a las que se enfrenta dentro de esta intrigante área de estudio, especulando también sobre su papel a la hora de esculpir nuevas exploraciones científicas e innovaciones tecnológicas en diversos campos.

La paradoja EPR y el teorema de Bell

En 1935, Einstein, junto con Podolsky y Rosen, introdujo la paradoja EPR, poniendo en duda la mecánica cuántica al señalar supuestas incertidumbres intrínsecas dentro de la teoría. Esta paradoja argumentaba que una comprensión exhaustiva de la realidad física estaba fuera del alcance de la mecánica cuántica debido a las supuestas variables ocultas. Al profundizar en estas nociones, John Bell presentó en 1964 el Teorema de Bell, que pretendía verificar estas variables ocultas mediante pruebas experimentales con partículas entrelazadas. Mediante el establecimiento de criterios para evaluar si la mecánica cuántica o las variables ocultas locales proporcionaban una explicación más precisa de las correlaciones en los sistemas entrelazados, los experimentos de Bell se inclinaron a favor de la esencia probabilística de las teorías cuánticas sobre los resultados fijos. Digerir la Paradoja EPR y el Teorema de Bell es vital para cualquier persona que se sumerja por primera vez en las profundidades de los debates de la mecánica cuántica; sirve como compleja puerta de entrada para comprender los argumentos críticos en juego dentro de este campo.

Implicaciones para la Teoría de la Información

En el ámbito de la mecánica cuántica, las repercusiones para la Teoría de la Información presentan perspectivas cautivadoras sobre el aspecto central de cómo se procesa y transmite la información. La capacidad de los estados cuánticos de estar simultáneamente en múltiples estados clásicos altera los métodos convencionales de codificación binaria, anunciando avances en la eficiencia informática mediante algoritmos novedosos. El entrelazamiento cuántico introduce perspectivas revolucionarias para la mensajería segura y el fenómeno del teletransporte cuántico, al crear vínculos indisolubles entre partículas independientemente de su separación, transformando así nuestra comprensión de la difusión de la información. Además, aspectos como la dualidad onda-partícula, junto con el Principio de Incertidumbre, introducen complejidades en la forma de codificar y descodificar la información, haciendo necesaria una revisión de los planteamientos deterministas de la Teoría de la Información. Enfrentarse a estos fenómenos permite a los novatos comprender que la mecánica cuántica no sólo provoca un cambio de paradigma en la informática, sino que también remodela fundamentos vitales dentro de la Teoría de la Información, marcando así el rumbo hacia futuros avances en el tratamiento y el intercambio de datos.

VI. El principio de incertidumbre

Situado como piedra angular fundamental en el ámbito de la mecánica cuántica, el Principio de Incertidumbre se enfrenta directamente a las creencias tradicionales sobre la previsibilidad y la certeza de nuestro universo. Introducido por Werner Heisenberg en 1927, este principio postula que intentar medir la posición de una partícula con gran exactitud disminuye inherentemente la precisión con la que puede conocerse su momento, y al revés. Sugiere un elemento inherente de aleatoriedad e imprevisibilidad en el corazón mismo del comportamiento cuántico, destacando nuestras limitaciones de conocimiento y lo profundamente interconectadas que están las entidades cuánticas. Para los principiantes que se aventuran en el dominio de la mecánica cuántica, comprender el Principio de Incertidumbre es crucial porque encarna la quintaesencia de la imprevisibilidad que caracteriza la dinámica de las partículas. Al comprender este principio, los alumnos están equipados para descodificar mejor los aspectos complejos de la realidad cuántica y explorar diversas facetas de dichos fenómenos microscópicos desde un punto de vista enriquecido.

La contribución de Heisenberg

Los avances realizados por Heisenberg en el ámbito de la mecánica cuántica marcan un punto de inflexión crucial, transformando nuestra comprensión de las entidades a escala microscópica. La introducción del Principio de Incertidumbre por Werner Heisenberg trastocó los principios convencionales establecidos por la física newtoniana, poniendo de relieve que existen limitaciones inherentes a la medición simultánea de la velocidad y la ubicación de una partícula con una precisión perfecta. Un principio tan innovador ha cambiado drásticamente nuestra perspectiva hacia el comportamiento de las partículas subatómicas, subrayando la característica fundamentalmente estocástica de los fenómenos cuánticos. Los esfuerzos de Heisenberg no sólo condujeron a un cambio de paradigma científico, sino que también sentaron las bases para adoptar nociones de indeterminación dentro de la física. Al revelar los límites de la observación a nivel minúsculo, sus revelaciones sentaron las bases de los posteriores avances en mecánica cuántica, que influyen en áreas como las técnicas criptográficas y la informática basada en la teoría cuántica. Las implicaciones más amplias de este principio traspasan las barreras disciplinarias, mostrando cómo los elementos cuánticos entrelazados desafían las antiguas perspectivas deterministas, lo que lo convierte en un material de aprendizaje fundamental para quienes exploran las complejidades de la mecánica cuántica.

Límites de medición y precisión

Sumergirse en el complejo mundo de la mecánica cuántica desvela la noción fundamental de "Límites de Medición y Precisión", un aspecto angular que conforma el núcleo de este desconcertante dominio. En el corazón de la mecánica cuántica prospera su incertidumbre fundamental, simbolizada por el Principio de Incertidumbre de Heisenberg. Este principio impone limitaciones a la precisión con la que pueden medirse a la vez pares de propiedades como la posición y el momento. Pone en tela de juicio las creencias tradicionales en el determinismo, destacando en su lugar la esencia probabilística inherente a los sucesos cuánticos. Además, la matizada relación entre observación y medición en los reinos cuánticos pone de relieve un frágil equilibrio entre precisión y ambigüedad. Para los principiantes que desentrañan los enigmas de la mecánica cuántica, luchar con estas limitaciones intrínsecas de la medición marca una fase esencial en la comprensión de los intrincados intercambios entre los sucesos cuánticos y la captación del carácter escurridizo de la realidad.

Implicaciones filosóficas

Al explorar las ramificaciones filosóficas de la mecánica cuántica, se produce una transformación esencial en la forma en que percibimos la realidad, poniendo a prueba los puntos de vista tradicionales sobre el determinismo y la causalidad. La complejidad y la imprevisibilidad de los sucesos cuánticos nos obligan a reflexionar sobre el concepto de libre albedrío y conciencia, lo que nos lleva a meditar sobre el impacto de la observación en nuestra realidad. Ideas como el entrelazamiento y la superposición en el reino cuántico oscurecen las líneas entre los que observan y lo observado, insinuando una compleja interacción entre la conciencia humana y las complejidades cuánticas. El alcance de la mecánica cuántica va más allá del mero discurso científico, fomentando una reevaluación de nuestra posición dentro de un universo en el que las nociones de incertidumbre, conectividad y efecto observador se entrelazan para remodelar nuestras perspectivas filosóficas. Para los novatos que se adentran en las profundidades de la mecánica cuántica, comprometerse con sus cuestiones filosóficas abre las puertas a una reflexión profunda y a la admiración por los enigmas que anclan nuestra comprensión del cosmos.

VII. La función de onda

Como elemento fundamental en el ámbito de la mecánica cuántica, la Función de Onda encapsula de forma crucial la esencia probabilística inherente a los sistemas cuánticos y refleja la condición de un sistema o partícula que exhibe atributos ondulatorios. Esta representación matemática permite predecir cómo actuarán las partículas, arrojando luz sobre su ubicación, momento y dinámica energética. Para llegar a comprender la función de onda es necesario luchar con la sofisticada idea de que las entidades muestran características de ondas y partículas a la vez, trastornando las percepciones convencionales de lo que constituye la realidad. Para los principiantes que tratan de comprender los entresijos de la mecánica cuántica, la comprensión de la función de onda es fundamental para desentrañar conceptos como la superposición y el entrelazamiento entre entidades cuánticas. El papel que desempeña esta herramienta matemática no sólo amplía nuestra comprensión de innumerables incertidumbres y capacidades dentro de la física, sino que también sienta las bases de avances inminentes en todos los campos de la investigación científica.

Papel en la mecánica cuántica

Dentro de la esfera de la mecánica cuántica, ocupa un lugar crucial en la alteración de nuestra comprensión de cómo está interconectado todo en el universo y en la transformación de las creencias tradicionales sobre la realidad. Fenómenos como el entrelazamiento cuántico y la superposición ponen en tela de juicio las nociones deterministas y añaden elementos de imprevisibilidad a la esencia de lo que existe. Explorar los entresijos de hace que nos replanteemos nuestros puntos de vista sobre el espacio y el tiempo, lo que lleva a considerar las leyes básicas que gestionan las entidades a nivel cuántico. El impacto de va más allá de las meras discusiones teóricas; se infiltra en usos prácticos como en la informática cuántica y la criptografía, donde su efecto conduce a importantes avances en la tecnología y la salvaguarda de la información. Comprender los aspectos sutiles de la mecánica cuántica no sólo amplía nuestra comprensión de los esfuerzos científicos, sino que también promueve una actitud adaptable y de amplitud de miras para resolver los misterios de la mecánica cuántica, creando vías para descubrimientos notables y profundas investigaciones filosóficas.

Interpretación de la función de onda

Profundizar en la interpretación de la función de onda de la mecánica cuántica es vital para comprender cómo se comportan las partículas dentro del dominio cuántico. Esta función encarna las características basadas en la probabilidad de las entidades cuánticas, arrojando luz sobre sus condiciones y acciones. Hay varias escuelas de pensamiento que intentan desmitificar lo que significa esta función de onda y su importancia, suscitando debates sobre cómo influye en los resultados cuando se realizan mediciones. La escuela de Copenhague sostiene que surge un estado definido a partir del colapso de la función de onda durante la observación, destacando el impacto de la observación en los reinos cuánticos. En cambio, la teoría de Everett propone un multiverso proliferante en el que todos los resultados potenciales existen simultáneamente, lo que cuestiona las percepciones tradicionales de la naturaleza de la realidad. Aventurarse a través de estas teorías proporciona a los principiantes una comprensión esencial de los entresijos de la mecánica cuántica, abriéndoles las puertas a nuevas investigaciones sobre los aspectos teóricos y las aplicaciones tangibles de los fenómenos cuánticos.

Probabilidad y medida

En el campo de la mecánica cuántica, la medición y la probabilidad surgen como conceptos fundamentales que desafían las ideas convencionales del determinismo. Los estados cuánticos residen en superposición, lo que significa que los resultados están determinados por el azar hasta que se observan, una teoría subrayada por la Interpretación de Copenhague. El principio de incertidumbre no se limita al comportamiento de las partículas, sino que también abarca el propio acto de medir, que es inherentemente aleatorio. Desde la perspectiva de la mecánica cuántica, la observación de los fenómenos se convierte en una intrincada danza entre probabilidades e incertidumbres, que subraya lo interconectada que está realmente la realidad, al tiempo que pone de relieve las limitaciones de la certeza clásica. La integración de los principios cuánticos en áreas como la informática cuántica y la criptografía muestra el papel fundamental de la probabilidad en el impulso de los avances tecnológicos, subrayando la importancia de dominar la incertidumbre para lograr avances revolucionarios en ciencia y tecnología.

VIII. La ecuación de Schrödinger

Para comprender los entresijos de la mecánica cuántica, es crucial entender el papel central que desempeña la ecuación de Schrödinger como estructura teórica subyacente. Introducida por Erwin Schrödinger en 1925, esta fórmula fundamental representa la progresión de una función de onda dentro de un marco cuántico a lo largo del tiempo, ofreciendo un retrato calculado de la dinámica de las partículas a escalas microscópicas. En una observación inicial, aunque difícil de comprender, su funcionalidad central está dirigida a predecir las probabilidades de resultados potenciales para sistemas específicos. Involucrarse con la ecuación de Schrödinger permite a los principiantes adquirir conocimientos básicos sobre conceptos fundamentales de la mecánica cuántica, como la dualidad onda-partícula y la superposición, necesarios para navegar por los dominios cuánticos. Esta fórmula actúa como punto de entrada para investigar las manifestaciones cuánticas y comprender cómo actúan las partículas siguiendo normas probabilísticas, desempeñando así un papel fundamental en el desentrañamiento de los misterios que impregnan el campo de la mecánica cuántica para los entusiastas en ciernes.

Introducción a la ecuación

Sumergirse en el reino de la mecánica cuántica gira fundamentalmente en torno a la comprensión de la ecuación central que le sirve de columna vertebral. La ecuación fundamental de Schrödinger, esencial dentro del dominio de la mecánica cuántica, inaugura la exploración de la dinámica de los sistemas cuánticos. Erwin Schrödinger la introdujo como ecuación de onda de partículas, creando así un conducto entre la física clásica y su homóloga cuántica y proporcionando puntos de vista probabilísticos sobre el comportamiento microscópico de las partículas. Los principiantes en este campo se encuentran con una combinación de gracia matemática y profundos conocimientos conceptuales, que esculpen su perspectiva sobre fenómenos como el entrelazamiento y la superposición intrínsecos a los reinos cuánticos. A través de la ecuación de Schrödinger, los principiantes inician su odisea hacia la desmitificación de los secretos de la mecánica cuántica, fomentando así una comprensión enriquecida tanto de sus aplicaciones empíricas como del tejido teórico cosido por las vanguardias históricas de la ciencia.

Formas dependientes del tiempo frente a formas independientes del tiempo

Para los novatos que desentrañan las complejidades de la mecánica cuántica, es crucial comprender la diferencia entre las versiones dependientes e independientes del tiempo. Las funciones de onda dependientes del tiempo se alteran con el tiempo de acuerdo con la ecuación de Schrödinger, mostrando el carácter fluctuante de las entidades cuánticas. Esta versión es fundamental para representar sucesos en los que el estado de un sistema cambia con el tiempo, arrojando luz sobre aspectos como los intercambios de partículas y la desintegración. A la inversa, las funciones de onda independientes del tiempo representan estados inmutables con niveles de energía invariantes, lo que facilita la determinación de los valores propios de energía y las probabilidades sin contemplar el cambio temporal. Estas versiones establecen un marco esencial en la mecánica cuántica, permitiendo un examen exhaustivo de los sistemas a lo largo de distintos periodos. Adquirir conocimientos sobre ambas formas proporciona a los principiantes las capacidades necesarias para navegar por numerosos sucesos cuánticos, estableciendo una base sólida para adentrarse en el complejo reino de la mecánica cuántica.

Comprensión conceptual sin matemáticas

Adentrarse en la mecánica cuántica, especialmente para los principiantes que pretenden adquirir una comprensión conceptual básica sin enredarse en elaboradas matemáticas, requiere comprender los principios básicos que anclan este complicado dominio de la física. Aunque las fórmulas matemáticas, como la ecuación de Schrödinger, son piedras angulares de la formalización de la mecánica cuántica, alcanzar una apreciación sutil de nociones principales como la superposición, el entrelazamiento cuántico y la naturaleza dual de partículas y ondas es plausible mediante elucidaciones intuitivas y comparaciones extraídas de la vida cotidiana. Simplificando estos conceptos esenciales en trozos más comprensibles, se pueden reconocer las complejas interrelaciones y la inherente imprevisibilidad características de los sucesos cuánticos sin ahogarse en rigurosos detalles matemáticos. Esta estrategia no sólo ayuda a desarrollar un andamiaje conceptual para comprender la mecánica cuántica, sino que también despierta un interés que podría impulsar nuevas aventuras para desentrañar sus complejidades y discernir sus repercusiones en la tecnología contemporánea, junto con el razonamiento científico.

IX. Túnel cuántico

La tunelización cuántica, un concepto apasionante dentro de la mecánica cuántica, desafía nuestra comprensión convencional de los obstáculos y la movilidad de las partículas. Cuando una partícula maniobra a través de una barrera de energía potencial que tradicionalmente no debería superar, es cuando se manifiesta el tunelamiento cuántico. Este acto un tanto asombroso puede ponerse de manifiesto en las acciones de los electrones en los semiconductores, que son cruciales para alimentar dispositivos esenciales para la tecnología contemporánea. Sumergiéndose en las profundidades de las teorías de la tunelización cuántica, los principiantes pueden desentrañar la compleja esencia de la mecánica cuántica junto con su utilidad cotidiana. Comprender cómo se las arreglan las partículas para atravesar las barreras allana el camino para adentrarse en el tejido y la naturaleza errática del dominio cuántico, arrojando luz sobre los enigmas subatómicos. Al comprender la teoría que subyace a la tunelización cuántica, los alumnos emprenden una expedición para descubrir las complejidades que yacen en el corazón de la mecánica cuántica, descubriendo su capacidad para transformar profundamente diversos ámbitos científicos y tecnológicos.

Explicación del fenómeno

Profundizar en los misterios de la mecánica cuántica supone una alteración transformadora en la forma en que los principiantes aprehenden tanto la realidad como el cosmos. Las nociones de estados cuánticos, entrelazamiento y el Principio de Incertidumbre desmantelan las perspectivas convencionales, instando a una reevaluación de los principios básicos. Tales revelaciones críticas sientan las bases que permiten a los individuos navegar por el intrincado reino de la física cuántica. Mediante el escrutinio de la dualidad onda-partícula, se anima a los participantes a cuestionar la naturaleza de las partículas y las conexiones mutuas de las entidades cuánticas. Las contribuciones de figuras destacadas como Max Planck, Niels Bohr y Werner Heisenberg iluminan el trasfondo histórico de este discurso, acentuando la influencia pionera de la teoría cuántica en la ciencia y la innovación tecnológica contemporáneas. Esta delineación subraya cómo la mecánica cuántica anuncia una era de exploración de las fronteras científicas más allá de los límites establecidos, abriendo nuevos horizontes en la computación, las prácticas de codificación y la reflexión filosófica.

Aplicaciones en Electrónica

En el ámbito de la electrónica, la esencia transformadora de la mecánica cuántica se hace evidente, marcando el comienzo de una era llena de avances tecnológicos. A través de la superposición, los dispositivos electrónicos experimentan un aumento de la eficiencia y la destreza computacional. El entrelazamiento, crucial para el núcleo de la mecánica cuántica, sustenta el desarrollo de redes de comunicación cuántica altamente seguras, mejorando los métodos de encriptación dentro de los dominios electrónicos. El principio de la dualidad onda-partícula sirve de guía para innovar componentes versátiles en la electrónica de nueva generación. Aprovechar estos principios tanto de la informática cuántica como de la criptografía contribuye a acelerar las tasas de procesamiento junto con medidas de protección de datos sin parangón. La adopción de la mecánica cuántica por parte de los investigadores e ingenieros anuncia un sinfín de innovaciones potenciales, al tiempo que dirige la dirección futura de la tecnología. Esta fusión entre las teorías cuánticas por excelencia y las aplicaciones prácticas marca un hito importante en los avances de la electrónica moderna, señal de un progreso sin parangón y de la exploración de nuevas fronteras tecnológicas.

Desafíos conceptuales

Los principiantes que se sumergen en la mecánica cuántica se enfrentan a un importante cambio de paradigma en su comprensión de la realidad y del cosmos. Teorías fundamentales como la dualidad onda-partícula, la superposición y el entrelazamiento cuántico ponen patas arriba la sabiduría convencional, exigiendo una reevaluación esencial de cómo vemos nuestro entorno. El carácter complejo de la función de onda, junto con las consecuencias derivadas de la observación de los sucesos cuánticos, añaden capas que eluden el pensamiento racional directo. Los fundamentos que impulsan la mecánica cuántica, por ejemplo, la ecuación de Schrödinger junto con diversas interpretaciones como las explicaciones de Copenhague y de muchos mundos, enriquecen tanto la complejidad como el matiz filosófico de este campo. A pesar de su aplicación práctica en innovaciones de vanguardia como la criptografía y la informática cuántica, la navegación a través de los obstáculos conceptuales de la mecánica cuántica plantea una búsqueda atractiva pero formidable para los principiantes deseosos de desentrañar los enigmas que envuelven el reino de los cuantos.

X. Computación cuántica

Aprovechando los principios de la mecánica cuántica, la informática cuántica supone un importante salto adelante en la innovación tecnológica, remodelando radicalmente los métodos de cálculo. Al explotar las características de superposición y entrelazamiento, este modelo computacional avanzado puede realizar enormes cálculos a velocidades inalcanzables para los ordenadores convencionales. La manipulación de los bits cuánticos o qubits permite que estas máquinas existan en múltiples estados a la vez, lo que posibilita el examen de múltiples escenarios simultáneamente y proporciona así una extraordinaria potencia de cálculo. Esta tecnología revolucionaria allana el camino para abordar cuestiones complejas en diversos ámbitos, como la criptografía y la industria farmacéutica, con una rapidez y eficacia inigualables. A medida que progresa la computación cuántica, su adopción en distintos sectores está llamada a transformar nuestras metodologías de evaluación de datos, ejercicios de optimización y resolución de problemas complejos, empujándonos a una era caracterizada por capacidades computacionales que superan las barreras anteriores.

Fundamentos de los ordenadores cuánticos

La interpretación de los conceptos elementales de la informática cuántica desvela una esfera de avances tecnológicos destinados a transformar el campo de la computación. En su esencia, la superposición es un principio fundamental, ya que los qubits pueden existir en varios estados a la vez, lo que aumenta significativamente la capacidad de cálculo. El entrelazamiento cuántico magnifica este efecto entrelazando qubits de formas que desafían los principios de la física tradicional, facilitando la transferencia instantánea de datos y resolviendo intrincados retos. Tales sucesos cuánticos trastocan los modelos informáticos binarios normativos, allanando el camino para cálculos potenciales a un ritmo exponencialmente más rápido. Comprender nociones básicas como la dualidad onda-partícula y la función de onda es esencial para entender las singulares capacidades de procesamiento de que está dotada la informática cuántica. A medida que los avances de la tecnología cuántica pasan de la teoría a las aplicaciones tangibles, estamos a punto de desbloquear niveles notables de potencia de cálculo y alterar los paradigmas tecnológicos de nuestra era digital.

Qubits y supremacía cuántica

Comprender los fundamentos de los qubits junto con su importancia en la realización del dominio cuántico es crucial para los novatos que desentrañan los misterios de la mecánica cuántica. Los qubits, que sirven como elementos fundacionales de la informática cuántica, se distinguen de los bits tradicionales por el aprovechamiento de los fenómenos de superposición y entrelazamiento para ejecutar cálculos intrincados a velocidades sin rivales. Esta diferencia crítica permite a los sistemas cuánticos eclipsar a las máquinas convencionales en tareas específicas, un logro denominado supremacía cuántica. La supremacía cuántica marca la coyuntura en la que un dispositivo cuántico puede realizar operaciones más allá de lo que los mecanismos clásicos pueden manejar, lo que ilustra un vuelco potencial en la fuerza computacional. Al comprender tanto la importancia de los qubits como el concepto de supremacía cuántica, los principiantes se adentran en una era rebosante de oportunidades revolucionarias y en una visión reimaginada del horizonte de la informática, lo que los eleva a esferas llenas de exploración innovadora y reconfigura el progreso tecnológico a lo largo de los descubrimientos científicos.

Impacto potencial en la sociedad

El impacto de la mecánica cuántica en las estructuras sociales es intrincado y profundo, y presenta una nueva perspectiva que afecta a muchos elementos de la existencia cotidiana. Las tecnologías basadas en la teoría cuántica, como la informática y la criptografía dentro del ámbito cuántico, podrían alterar drásticamente sectores como las telecomunicaciones, los servicios sanitarios y la conservación ecológica. La creación de materiales y sensores basados en principios cuánticos está preparada para mejorar significativamente los procesos relacionados con la gestión de residuos, optimizar el uso de la energía y reforzar los esfuerzos contra las alteraciones climáticas. Los dilemas éticos que plantea la aplicación de la tecnología cuántica -sobre todo en relación con la privacidad individual, las medidas de seguridad y el equilibrio de la autoridad mundial- subrayan la urgencia de contar con sistemas reguladores integrales que supervisen su aplicación. Al abordar estas cuestiones morales al tiempo que se fomenta la colaboración transfronteriza, la humanidad se encuentra en el umbral de aprovechar plenamente los avances cuánticos para la mejora colectiva, un paso hacia un futuro más ecológico y seguro.

XI. Criptografía cuántica

La criptografía cuántica, una aplicación esencial de la mecánica cuántica, transforma la protección de datos empleando características cuánticas para establecer un cifrado indescifrable. Mediante la adopción de marcos como la distribución cuántica de claves, garantiza vías de comunicación seguras frente a intentos de intrusión. Este mecanismo avanzado se basa en espectáculos como el entrelazamiento cuántico, lo que supone un avance considerable en la ciberseguridad. El despliegue de la criptografía cuántica demuestra las aplicaciones de la mecánica cuántica en el mundo real fuera de la exploración académica, ilustrando su capacidad revolucionaria para proteger datos delicados en la actualidad. Mientras los recién llegados navegan por las complejidades de descifrar la mecánica cuántica, la comprensión de los matices de la criptografía cuántica muestra cómo pueden aplicarse los conceptos básicos para superar los obstáculos actuales, destacando la influencia concreta de las teorías cuánticas en la tecnología y las técnicas de cifrado contemporáneas.

Principios de la encriptación cuántica

En los protocolos de comunicación segura, los principios de la codificación cuántica inauguran una era marcada por una alteración radical, utilizando la naturaleza errática innata y las características de enlace inherentes a la física cuántica para proteger los datos confidenciales. La codificación cuántica se basa en el efecto de superposición, que permite a los qubits estar en numerosos estados a la vez, con lo que cualquier información interceptada resulta ambigua para los oyentes no autorizados. Este novedoso método criptográfico se beneficia del entrelazamiento cuántico, por el que las partículas que están separadas espacialmente pueden reflejar inmediatamente las condiciones de la otra a través de grandes distancias, garantizando un nivel de protección de los datos superior al que ofrecen las técnicas criptográficas tradicionales. Al adoptar estas nociones elementales de la mecánica cuántica, la tecnología de encriptación experimenta un cambio transformador, proporcionando seguridad a la información a velocidades nunca antes vistas como vitales en esta era dominada por la dependencia de los datos. La inclusión de los principios cuánticos en los esquemas de encriptación abre vías para sofisticadas estrategias de salvaguarda digital, al tiempo que subraya el importante papel que desempeña la mecánica cuántica en el progreso tecnológico contemporáneo.

Distribución Cuántica de Claves (QKD)

En la cúspide de las tecnologías de comunicación seguras se encuentra la Distribución Cuántica de Claves (QKD), que aprovecha los principios de la mecánica cuántica para lograr un secreto sin igual en los intercambios de datos. Mediante el aprovechamiento de sucesos cuánticos como la superposición y el entrelazamiento, la QKD facilita la creación de claves de cifrado imposibles de descifrar, garantizando así vías de comunicación seguras. Este método de vanguardia altera drásticamente el panorama de la ciberseguridad al proporcionar una solución sólida para salvaguardar la información confidencial frente a infiltraciones nefastas. La compleja característica del entrelazamiento cuántico permite generar claves de encriptación cuya conexión es inherente y resistente a las escuchas, estableciendo un estándar sin precedentes en la protección de datos. Mientras los principiantes navegan por el dominio de la mecánica cuántica, la comprensión de la QKD ilumina cómo los aspectos prácticos de la teoría cuántica son fundamentales para defender la información en nuestro entorno digital y ampliamente conectado. Profundizar en la QKD no sólo ilustra la intersección entre las ideologías cuánticas abstractas y los despliegues tecnológicos tangibles, sino que también pone de relieve la profunda influencia de la mecánica cuántica en la visión de los futuros contornos de la comunicación segura.

El futuro de la comunicación segura

En el panorama de la mensajería segura del futuro, la física cuántica se erige como un poder pionero que transforma las interacciones en línea. Basada en las teorías del entrelazamiento cuántico y la superposición, la criptografía cuántica presenta métodos de codificación indestructibles que pretenden revisar la protección de la información. La creación de redes de comunicación que utilicen métodos cuánticos, como la distribución cuántica de claves, supone un avance esencial hacia la defensa de los datos confidenciales frente a los riesgos digitales. Con la progresión de las innovaciones cuánticas, la aparición de una Internet cuántica mundial se hace inminente, previendo canales de correspondencia protegidos y eficaces que superen las barreras existentes. Sin embargo, en nuestro viaje hacia este futuro impulsado por la mecánica cuántica, es vital deliberar meticulosamente sobre cuestiones éticas relacionadas con la privacidad, las medidas de seguridad y la dinámica de la supremacía internacional para garantizar una aplicación y un uso cautelosos de estos avances revolucionarios. Al reconocer las ilimitadas perspectivas que ofrece la tecnología de las comunicaciones cuánticas, nos encontramos en los albores de una nueva era en la que unos niveles de seguridad e interconectividad sin precedentes redefinirán nuestra existencia digital para las generaciones venideras.

XII. Teletransporte cuántico

Dentro del intrigante campo de la mecánica cuántica, el teletransporte cuántico capta nuestra imaginación al permitir la transferencia inmediata de información cuántica a grandes distancias sin necesidad de movimiento físico. Este hecho, basado en las nociones de entrelazamiento y superposición cuánticos, pone patas arriba las ideas típicas sobre la comunicación y las limitaciones espaciales. La correlación instantánea de estados entre un dúo de partículas entrelazadas durante el teletransporte transporta información que supera los límites anticuados. El teletransporte cuántico promete transformar áreas como la mensajería segura y la informática cuántica, anunciando una nueva era de avances tecnológicos. Sumergirse en las complejidades del teletransporte cuántico ofrece a los novatos una ojeada al desconcertante dominio de la mecánica cuántica, mostrando cómo se entrelazan la interconectividad de las partículas y la esencia transformadora de los sucesos cuánticos. Como principio esencial para desentrañar los misterios de la mecánica cuántica, la teleportación pone de relieve las nuevas oportunidades que se desbloquean al superar las barreras convencionales, forjando un marco innovador para los avances tecnológicos y las indagaciones en las enigmáticas profundidades del universo cuántico.

Marco teórico

Dentro de la construcción teórica de la mecánica cuántica, un complejo entramado de teorías y nociones se entreteje para poner patas arriba los puntos de vista tradicionales sobre la realidad y los principios básicos que dictan el cosmos. Impulsado por gigantes como Planck, Bohr y Heisenberg, el desarrollo histórico de la teoría cuántica ha transformado la física y la tecnología contemporáneas, anunciando una época de realidades cuánticas. En su núcleo se encuentran conceptos como la superposición, la dualidad onda-partícula y el entrelazamiento cuántico, todos ellos fundamentales para redefinir nuestra comprensión del minúsculo universo, al tiempo que amplían las fronteras de la exploración científica. La ecuación de Schrödinger sirve de faro dentro de estos fundamentos teóricos, revelando facetas de un dominio misterioso en el que las partículas ocupan simultáneamente múltiples estados. Interpretaciones como la de muchos mundos o la de Copenhague complican aún más la mística de la mecánica cuántica, provocando reflexiones sobre la naturaleza entretejida de la existencia y las ilimitadas oportunidades que aguardan a ser descubiertas en este reino esotérico.

Realizaciones experimentales

En el ámbito del desciframiento de la mecánica cuántica, sus aplicaciones prácticas desempeñan un papel fundamental, en el que las nociones teóricas se someten a escrutinio en montajes tangibles. Estos esfuerzos experimentales actúan como afirmaciones concretas de los conceptos esotéricos esbozados en la teoría cuántica, reduciendo de forma efectiva la divergencia entre el pensamiento abstracto y la existencia tangible. Experimentos pioneros como el experimento de la doble rendija, junto con el teorema de Bell, han aportado pruebas convincentes de fenómenos desconcertantes como la dualidad onda-partícula y el entrelazamiento a nivel cuántico, sacudiendo así hasta la médula los preceptos fundamentales de la física clásica. Mediante la observación meticulosa del comportamiento de las partículas en condiciones meticulosamente controladas, los investigadores son capaces de desvelar las capas que rodean los enigmas de la mecánica cuántica y profundizar en la comprensión de la esencia más básica de la realidad. Estas investigaciones empíricas no sólo enriquecen la comprensión de los sucesos cuánticos, sino que también sientan las bases de las innovaciones en todos los ámbitos tecnológicos, como la informática cuántica, las metodologías de encriptación y las infraestructuras de comunicación. Esta sinergia dinámica entre conjeturas teóricas y experimentación práctica encarna la búsqueda viva y continuamente adaptativa inherente a este intrigante segmento de la ciencia.

Conceptos erróneos y aclaraciones

A menudo, los malentendidos sobre la mecánica cuántica proceden de sus aspectos poco convencionales y de cómo diverge de la física tradicional. Una creencia extendida pero incorrecta es que el entrelazamiento cuántico permite a las partículas comunicarse instantáneamente a cualquier distancia, cuando en realidad la información no puede viajar más rápido de lo que permite la luz. Asimismo, existe una percepción errónea sobre el efecto observador; muchos creen que la observación afecta directamente al resultado de un experimento cuántico. Sin embargo, este efecto subraya sutilmente la importancia de la medición en los montajes cuánticos, en lugar de sugerir que la conciencia puede alterar los resultados. Es vital que los novatos desentrañen estos conceptos erróneos para comprender con precisión los elementos esenciales de la mecánica cuántica y admirar su compleja realidad sin dejarse engañar por falsas interpretaciones. Al rectificar estos malentendidos y dilucidar con claridad las nociones cruciales, los principiantes estarán equipados para recorrer los entresijos de la mecánica cuántica con certeza y perspicacia.

XIII. Problema de la medición

La cuestión de la Medición en la física cuántica supone un profundo obstáculo para comprender cómo se comportan los sistemas cuánticos cuando se observan. Esta preocupación crítica indaga en la esencia de lo que constituye la realidad y el papel del observador en la configuración de los resultados. Al ser observado, un sistema cuántico pasa de estar en un estado de múltiples posibilidades a un estado definido, lo que suscita debates sobre los procesos operativos y las consecuencias para el libre albedrío. El Problema de la Medición subraya la ambigüedad intrínseca y el carácter azaroso de la física cuántica, subrayando la necesidad de revisar viejos conceptos relativos a la causalidad y el efecto. Para los neófitos que se aventuran en la mecánica cuántica, esta noción actúa como un intrigante umbral hacia las complejidades de un dominio cuántico en el que la mera observación altera fundamentalmente la realidad, cuestionando las percepciones tradicionales sobre el funcionamiento del universo y sus propiedades.

El efecto observador

Aventurarse en el complejo dominio de la mecánica cuántica desvela el fundamental Efecto Observador, un fenómeno que pone de relieve el significativo impacto de la observación en los sistemas cuánticos, desafiando así las percepciones convencionales de la realidad objetiva. La teoría cuántica sugiere que la propia medición modifica el estado de una partícula, revelando un profundo vínculo entre el observador y lo observado. Esta asociación mutua indica una visión más profunda de cómo nuestras observaciones conforman el marco de la realidad, fusionando la distinción entre observador y observado. El alcance del Efecto Observador sobrepasa los límites de la física, implicándose en debates filosóficos sobre la conciencia, la autonomía y la esencia de la existencia. Acoger este principio cuántico proporciona a los novatos una noción reveladora que subraya las elaboradas interconexiones de la mecánica cuántica y sus profundos efectos en la comprensión de la cosmovisión.

Colapso de la función de onda

Al explorar los fundamentos de la mecánica cuántica para principiantes, resulta crucial arrojar luz sobre el "Colapso de la Función de Onda" como idea clave que necesita claridad. El proceso en el que la función de onda, que encapsula los estados potenciales de un sistema cuántico, se condensa en un estado singular tras la medición está plagado de implicaciones tanto filosóficas como funcionales. Este caso de colapso trastorna los puntos de vista convencionales sobre la previsibilidad e inyecta imprevisibilidad en el dominio de la física cuántica. Comprender este acontecimiento es vital para entender cómo afectan las mediciones a las entidades cuánticas y el importante papel que ocupa la incertidumbre dentro de los principios de la mecánica cuántica. Desmitificando eficazmente esta noción, los neófitos en la materia pueden empezar a comprender las reglas fundamentales que dictan el comportamiento en el universo cuántico y captar sus complejidades a la hora de descodificar reinos tan sofisticados.

Interpretaciones y controversias

Al explorar el complejo mundo de la mecánica cuántica, uno tropieza con diversas interpretaciones y debates que trastocan las nociones convencionales de la existencia y el cosmos. En el centro de estos argumentos se encuentran teorías como las interpretaciones de Copenhague y Everett, que presentan puntos de vista divergentes sobre las características probabilísticas de los fenómenos cuánticos. La Interpretación de Copenhague sugiere resultados basados en la probabilidad en los sucesos cuánticos, en agudo contraste con la Interpretación de Everett, que imagina un universo en el que coexisten a la vez todos los resultados potenciales. Estos puntos de vista opuestos encienden fervientes diálogos entre pensadores y científicos, evocando profundas reflexiones sobre el destino, la autonomía y lo que significa ser. Las dudas y complejidades entrelazadas en estas perspectivas ponen de relieve la profundidad de la mecánica cuántica, instándonos a cuestionar nuestras creencias básicas sobre la realidad.

XIV. Interpretación de Copenhague

En el marco de "Descifrando la Mecánica Cuántica: Conceptos clave explicados para principiantes", ideado por notables como Niels Bohr y Werner Heisenberg, la Interpretación de Copenhague emerge como un pilar innovador para desentrañar el oscuro universo de los fenómenos cuánticos. Teoriza que, hasta que se produce una observación, las entidades cuánticas permanecen en diversos estados de superposición, desbaratando las perspectivas deterministas tradicionales de la realidad y allanando el camino a los resultados probabilísticos. Esta interpretación actúa como un portal crucial para los neófitos que se esfuerzan por comprender la incertidumbre intrínseca que prevalece en los sistemas cuánticos. Al arrojar luz sobre cómo las observaciones moldean tanto el comportamiento como las características de las partículas, proporciona una visión rudimentaria de la esencia fluida y entrelazada de la existencia a escala microscópica. La filosofía consagrada en esta interpretación conduce a la reflexión y a los procesos de pensamiento analítico, herramientas indispensables para los principiantes que se adentran en las complejidades de la mecánica cuántica. Para los recién iniciados en la disección de los enigmas cuánticos, establece un plan esencial que les ayudará en sus primeras empresas y formulaciones.

Visión general de la interpretación

La física moderna está revolucionada fundamentalmente por la mecánica cuántica, una fuerza fundamental que desafía las creencias tradicionales y desvela los secretos del mundo microscópico. Esta teoría transformadora surgió del trabajo seminal de pioneros como Niels Bohr, Max Planck y Werner Heisenberg, remodelando nuestra comprensión con nociones críticas. Conceptos como entrelazamiento y superposición revelan un universo profundamente conectado en su núcleo, animando a los recién llegados a comprometerse con las peculiaridades de la dualidad onda-partícula y la indeterminación. A medida que los novatos atraviesan este dominio teórico, diseccionan diversas interpretaciones, incluidas las propuestas en Copenhague o por Everett, enfrentándose a profundas realizaciones sobre los resultados estocásticos y la ambigüedad. Al comprender estas ideas esenciales junto con sus raíces históricas, los principiantes emprenden una expedición para desmitificar las enigmáticas maravillas de la mecánica cuántica, armados de afán e indagación.

Fundamentos filosóficos

La exploración de la mecánica cuántica ofrece una visión profunda de cómo esta teoría innovadora transforma nuestra visión de la realidad y la existencia. Las características entrelazadas de las entidades cuánticas ponen en tela de juicio las perspectivas deterministas tradicionales, fomentando reflexiones filosóficas sobre la conciencia y el concepto de libre albedrío. Fenómenos como el efecto observador y el entrelazamiento cuántico subrayan una conexión vital entre la observación y la realidad, provocando la deliberación sobre el impacto de la conciencia humana en la configuración del cosmos. Al aceptar la incertidumbre y la interconexión, las personas pueden maniobrar hábilmente a través de las complejidades de los fenómenos cuánticos, adoptando estrategias más adaptables para tomar decisiones, al tiempo que adquieren una comprensión enriquecida de la naturaleza fluida de la realidad. La mecánica cuántica reconfigura no sólo nuestro marco tecnológico, sino que también fomenta una reevaluación de nuestras creencias fundamentales sobre la esencia del universo y nuestro papel en medio de él.

Críticas y alternativas

Al profundizar en las Controversias y Sustitutos relacionados con la mecánica cuántica, es primordial reconocer las interpretaciones cargadas de debate y los obstáculos que introducen en nuestra comprensión del universo cuántico. Los detractores destacan con frecuencia los enigmas ligados a los efectos causados por la observación y al fenómeno contraintuitivo conocido como entrelazamiento cuántico. Estas objeciones examinan la imprevisibilidad incorporada y los impactos subjetivos en los sucesos cuánticos, arrojando incertidumbre sobre la aptitud de la mecánica cuántica como marco exhaustivo. Por otro lado, las perspectivas alternativas abogan por una mayor investigación y un ajuste más preciso, en lugar de una negación completa. Al contemplar construcciones o explicaciones divergentes como la teoría de las ondas piloto o las teorías con variables invisibles, los estudiosos se esfuerzan por abordar las deficiencias y ambigüedades de la mecánica cuántica tradicional. Este intercambio continuo entre críticas y metodologías variantes ilumina la esencia vibrante y cambiante del paradigma cuántico; llama a una investigación intensificada de sus complejidades por parte de los novatos deseosos de descifrar sus principios básicos.

XV. Interpretación de muchos mundos

En la década de 1950, Hugh Everett introdujo la Interpretación de los Múltiples Mundos (MWI) dentro de la mecánica cuántica, sugiriendo el fascinante concepto de que surgen múltiples universos paralelos con cada suceso cuántico, presentando así un novedoso punto de vista sobre la esencia de la realidad. Según esta teoría, todos los resultados concebibles de un experimento cuántico suceden realmente, dando lugar a una extensa serie de universos simultáneos para cada resultado potencial, cuestionando así las nociones establecidas de determinismo y de relaciones causa-efecto. El MWI propone un modelo cautivador que da cabida a la imprevisibilidad inherente a los fenómenos cuánticos y proporciona amplias perspectivas sobre los principios de la superposición y el entrelazamiento cuánticos. Reflexionar sobre las proposiciones de MWI permite a los principiantes comprender cómo todo está interrelacionado y apreciar los aspectos evolutivos de los sistemas cuánticos, conduciéndoles hacia un intrincado viaje en la comprensión de las complejidades del mundo cuántico más allá de los límites tradicionales.

Explicación de la teoría de Everett

La Interpretación de Muchos Mundos, también identificada como Teoría de Everett, cautiva tanto a filósofos como a físicos por su reconceptualización radical de la mecánica cuántica. Formulada por Hugh Everett durante la culminación de la década de 1950, esta noción introduce la idea de que cada evaluación cuántica bifurca el cosmos en diversas existencias paralelas, representando resultados potenciales alternativos. Esta hipótesis trastorna las perspectivas convencionales sobre la realidad y la observación, al implicar que cada conclusión concebible transcurre de forma concurrente, en la que cada universo divergente mantiene una existencia separada pero vinculada. Para los neófitos que se aventuran en el dominio de la mecánica cuántica, asimilar la Teoría de Everett puede resultar desconcertante e iluminador a la vez, pues desvela las profundidades y los enigmas que encierra la dimensión cuántica. Aventurarse a través de esta interpretación no convencional ayuda a los iniciados a comprender las importantes repercusiones de la física cuántica sobre nuestra delimitación de la realidad y la comprensión cósmica.

Implicaciones para la realidad

Desafiando los puntos de vista tradicionales, las implicaciones de la mecánica cuántica para la realidad revelan una compleja red de interconexiones y características fluidas entre las partículas cuánticas. Los fenómenos de superposición y entrelazamiento de la teoría cuántica contradicen nuestras ideas habituales sobre causa y efecto, lo que lleva a cuestionar nuestros marcos deterministas. Experimentos como la prueba de la doble rendija, junto con el Principio de Incertidumbre de Heisenberg, ponen de relieve las complejidades de la mecánica cuántica, fomentando una nueva visión de cómo vemos la existencia y la propia realidad. A medida que avanzan las tecnologías basadas en los principios cuánticos, como las comunicaciones y la informática seguras, se alimentan debates filosóficos más profundos en torno a conceptos como el libre albedrío frente al determinismo y la esencia fundamental del cosmos. Al aceptar la ambigüedad y la imprevisibilidad como parte de la investigación científica, surgen nuevas vías que fomentan métodos adaptables para enfrentarse a los aspectos enigmáticos de la mecánica cuántica, transformando en última instancia nuestra comprensión colectiva tanto de la realidad como del cosmos en general.

Debate y aceptación

Dentro del dominio de la mecánica cuántica, un área significativa de desacuerdo se centra en el debate y posterior reconocimiento de sus intrincados conceptos. Figuras revolucionarias como Niels Bohr, Max Planck y Werner Heisenberg sentaron las bases de esta disciplina transformadora, pero las interpretaciones y usos posteriores han encendido debates académicos y discusiones filosóficas. Ideas como la dualidad onda-partícula, la superposición y el entrelazamiento cuántico desafían los principios de la física tradicional y exigen un examen minucioso. La interpretación probabilística de Copenhague se enfrenta a los desafíos de teorías competidoras como la interpretación de los muchos mundos. A pesar de estas conversaciones académicas sobre la mecánica cuántica, sus aplicaciones prácticas en campos como la criptografía y la informática cuántica son influencias innegables en la trayectoria del progreso y la innovación científicos. Es esencial participar en estos debates para impulsar nuestra comprensión del cosmos y aprovechar las capacidades del fenómeno cuántico para el avance de la sociedad.

XVI. Teoría de la descoherencia

La Teoría de la Decoherencia, una noción imperativa dentro del ámbito de la mecánica cuántica, es fundamental para comprender cómo pasamos de las realidades cuánticas a las clásicas. Esta teoría explica el compromiso inevitable entre una entidad cuántica y el entorno que la rodea, provocando lo que parece un colapso de la entidad a un estado que es clásico. Aborda cómo se pierde la coherencia cuántica y cómo aparecen las acciones clásicas sin que haya mediciones directas de por medio, iluminando dónde acaba el dominio cuántico a escala diminuta y empieza nuestro mundo observable a gran escala. Siguiendo cómo maduran los estados en cuántica junto con su entrelazamiento a través del entorno, la teoría de la decoherencia sirve como esqueleto clave para comprender cómo los comportamientos típicamente vistos como clásicos se originan en sistemas fundamentalmente enraizados en la cuántica. La incorporación de este marco teórico a debates más amplios sobre la mecánica de los cuantos ayuda a los principiantes a adquirir conocimientos esenciales sobre las interacciones entre las entidades cuánticas y sus entornos, sentando así las bases para seguir profundizando en las complejidades que envuelven nuestra comprensión de los reinos formados por los cuantos.

Papel en la mecánica cuántica

En el ámbito de la mecánica cuántica, el papel del observador es crucial para moldear la realidad y afectar a los resultados dentro de los sistemas cuánticos. Esta idea pone de relieve un profundo vínculo entre la conciencia y el modo en que se comportan las entidades cuánticas, socavando las opiniones que predicen con certeza el comportamiento del universo. Los experimentos en el ámbito cuántico han demostrado cómo la conciencia humana afecta a los estados de las partículas, lo que indica una conexión indirecta entre quienes observan y lo observado. El efecto de observar subraya una compleja relación entre la propia percepción y la existencia física real, lo que conduce a reflexiones filosóficas sobre la esencia y la autonomía de la vida. Al reconocer la influencia que tienen los observadores en los fenómenos a nivel cuántico, allanamos el camino para seguir explorando cómo la conciencia puede dar forma al tejido universal, al tiempo que animamos a los novatos a investigar más sobre la naturaleza enigmática de la mecánica cuántica junto con sus fundamentos filosóficos.

Explicación de la Transición Clásica

Al adentrarnos en la transición de la física clásica a la cuántica, asistimos a un cambio fundamental desde las teorías clásicas tradicionales hacia los principios de la mecánica cuántica, lo que significa una profunda transformación en la forma en que percibimos el universo. Este cambio se pone de relieve por la aparición de comportamientos cuánticos como el entrelazamiento y la superposición, que cuestionan creencias arraigadas sobre la causalidad y el determinismo. Al investigar el comportamiento de las partículas a escala atómica y subatómica, la mecánica cuántica revela que los antiguos modelos clásicos se quedan cortos a la hora de dar cuenta de las complejas interacciones y los imprevisibles resultados característicos de los dominios cuánticos. En esta nueva era cuántica, se descubre que las partículas coexisten en numerosos estados a la vez -fenómeno denominado superposición- y que se entrelazan de tal modo que cambiar las propiedades de una partícula puede afectar instantáneamente a las de otra a través de enormes distancias. Alejarse de la física clásica revela capas y conexiones más profundas dentro de la estructura microscópica de la realidad, alterando fundamentalmente nuestra comprensión, al tiempo que invita a los principiantes a explorar estos matices tentadoramente intrincados inherentes a la mecánica cuántica.

Resolución de problemas de medición

En el campo de la mecánica cuántica, las cuestiones relacionadas con las mediciones ocupan un lugar central como obstáculo crucial que exige un pensamiento innovador y soluciones ingeniosas. Principios básicos como el entrelazamiento y la superposición cuántica introducen cierto grado de imprevisibilidad en los resultados de las mediciones, lo que hace que las técnicas de medición de la vieja escuela resulten inadecuadas. Profundizar en las complejidades ligadas a la dualidad partícula-onda y en cómo afecta la observación a los resultados permite a los científicos sortear las complicaciones asociadas a la cuantificación de los fenómenos dentro de los sistemas cuánticos. Ideas como el Principio de Incertidumbre de Heisenberg iluminan los límites de la precisión en las dimensiones cuánticas, subrayando la urgencia de revisar los enfoques tradicionales para medir los fenómenos. El reino de la mecánica cuántica proporciona usos prácticos en ámbitos que incluyen, entre otros, la criptografía y la destreza computacional mediante cuantos, obligando a los investigadores a reformular por completo las ideas sobre la captura de estos esquivos potenciales. La mecánica cuántica trastorna las perspectivas convencionales de la realidad a través de maravillas como la superposición y el entrelazamiento. Tales revelaciones encuentran relevancia funcional en ámbitos que abarcan desde la informática impulsada por cuantos hasta las esferas biológicas, en las que las peculiaridades a nivel subatómico optimizan los procesos que implican transporte de energía junto con cambios químicos. La confluencia entre la neurociencia y los principios que rigen los cuantos suscita debates en torno a la conciencia, además de las posibles influencias que ejercen los sucesos cuantitativos sobre las actividades neuronales: profundizar en estas coyunturas promete avances revolucionarios en los sectores de la sanidad, los avances biotecnológicos y los esfuerzos de conservación ecológica; las implicaciones derivadas de los efectos diminutos podrían alterar la comprensión de las funcionalidades cognitivas.

XVII. Teoría cuántica de campos

Como subconjunto crucial de la mecánica cuántica, la Teoría Cuántica de Campos explora las complejas interacciones entre partículas y campos, transformando nuestra percepción del cosmos. Esta teoría amplía la mecánica cuántica al tratar los campos como elementos primarios, desvelando así la esencia de las partículas y las fuerzas de la naturaleza. Impulsada por figuras como Dirac y Feynman, arroja luz sobre cómo las excitaciones de campo dan origen a las partículas y delinean su interacción, ofreciendo una visión perspicaz del reino minúsculo. Como piedra angular de la física contemporánea, este constructo teórico no sólo impulsa avances tecnológicos como los observados en los semiconductores, sino que también estimula la innovación en numerosos ámbitos. Al familiarizarse con los fundamentos de la Teoría Cuántica de Campos, los principiantes pueden atravesar hábilmente las complejidades cuánticas desde un punto de vista enriquecido que mejora la apreciación general de la complejidad de la realidad y sus ilimitadas oportunidades.

Introducción a los campos en Mecánica Cuántica

Sentando las bases para comprender el cosmos minuciosamente interconectado, una iniciación a los campos de la mecánica cuántica desafía las percepciones tradicionales de la existencia. A través de estos campos, las partículas se transmiten e interactúan, moldeando las acciones de los seres cuánticos. La teoría cuántica de campos es un ámbito en el que fueron pioneros científicos notables como Dirac y Feynman; penetra profundamente en las reglas que orquestan estas fuerzas e interacciones naturales. Sumergirse en las complejidades de los campos de la mecánica cuántica permite a los principiantes comprender las ideas centrales que moldean la física contemporánea junto con los avances tecnológicos. Estos campos actúan como un prisma que revela conocimientos como el entrelazamiento de partículas (enredo), las capas sobre estados (superposición) y cómo se mezclan las partículas, iluminando así el dominio arcano de la mecánica cuántica. Comprender las funciones de campo es fundamental para descifrar los entresijos de los incidentes cuánticos, junto con sus importantes resultados en los ámbitos técnicos y la exploración científica.

Unificación de Fuerzas

En el empeño por descifrar los enigmas del cosmos, la fusión de fuerzas emerge como una búsqueda cumbre dentro del dominio de exploración científica de la mecánica cuántica. Al aventurarse en el ámbito microscópico, la teoría cuántica pretende amalgamar las fuerzas fundamentales de la naturaleza -electromagnética, nuclear débil, nuclear fuerte y gravitatoria- en un esquema unificado. Esta búsqueda de amalgama no sólo se esfuerza por mezclar sucesos aparentemente incongruentes, sino que también anuncia una comprensión enriquecida del tejido fundacional de la realidad. Al escudriñar cómo interactúan estas fuerzas a escala cuántica, los estudiosos aspiran a desenterrar posibilidades de avances revolucionarios tanto en el ámbito tecnológico como en los principios de la física teórica. El camino hacia la fusión epitomiza el núcleo del desentrañamiento de las complejidades de la mecánica cuántica, al tiempo que presenta a los novatos las sofisticadas complejidades que regulan el funcionamiento del cosmos y encienden la investigación científica.

Modelo estándar de la física de partículas

El Modelo Estándar de la Física de Partículas es un marco fundamental para comprender las diversas interacciones entre partículas y fuerzas en todo el cosmos, y encierra principios esenciales que describen el reino subatómico. Elaborado mediante experimentos detallados e investigaciones teóricas, este modelo simboliza una elaborada unión de importantes conocimientos científicos de personas notables como Max Planck, Niels Bohr y Werner Heisenberg. En su núcleo, el Modelo Estándar ilumina las complejas relaciones entre las partículas elementales y las fuerzas primigenias, dibujando una historia unificada sobre los elementos fundacionales de la materia y sus leyes rectoras. Incorporando entidades como los quarks, los leptones y los bosones en una explicación cohesiva, este modelo actúa como luz guía dentro del dominio de la mecánica cuántica, proporcionando un resumen organizado y exhaustivo crucial para que los novatos comprendan las cautivadoras complejidades del mundo subatómico.

XVIII. La gravedad cuántica y la búsqueda de la unificación

Emprendiendo un viaje para integrar el dominio de la mecánica cuántica, la indagación en la gravedad cuántica emerge como una búsqueda crucial, esforzándose por reconciliar las discrepancias entre la relatividad general y la mecánica cuántica. La búsqueda de la Unificación y la Gravedad Cuántica significa un intenso esfuerzo por fundir estas dos piedras angulares de la física, arrojando luz sobre las operaciones cósmicas a niveles tanto extensivos como diminutos. Aventurarse hacia una teoría integral que incluya la gravedad bajo el paraguas de la mecánica cuántica requiere complejas construcciones teóricas y modelos matemáticos, que trastornan los puntos de vista tradicionales y amplían las fronteras de la exploración científica. Al examinar las complejidades inherentes a la gravedad cuántica, los estudiosos pretenden descifrar los enigmas cósmicos, fomentando una comprensión más rica de la esencia unificada de la realidad y preparando el terreno para nuevos avances en la física teórica y la cosmología.

Retos en la unificación de la gravedad con la mecánica cuántica

La fusión de la gravedad con la mecánica cuántica constituye un obstáculo fundamental en la física contemporánea, que ha desconcertado a los investigadores durante muchos años. El conflicto se debe a las claras diferencias de escala a las que operan ambas teorías: las extensiones cósmicas son el dominio de la gravedad, mientras que el mundo infinitesimal está bajo el dominio de la mecánica cuántica. Denominado gravedad cuántica, este esfuerzo por unificar estos componentes críticos de la teoría física aún no se ha resuelto debido a sus complejas estructuras matemáticas y a las limitaciones de nuestras capacidades experimentales actuales. Esta ausencia de un marco cohesivo dificulta los avances en la comprensión del comportamiento del espacio-tiempo a niveles subatómicos y crea obstáculos sustanciales en la integración de las fuerzas esenciales de la naturaleza. La sofisticada relación entre las fuerzas gravitatorias y los fenómenos cuánticos sigue cautivando y confundiendo al mundo académico, poniendo de relieve la ingente tarea de desentrañar los misterios que impregnan el cosmos cuántico.

Aproximaciones a la gravedad cuántica

Diversas construcciones teóricas pretenden tender un puente entre la mecánica cuántica y la relatividad general, abordando la esencia fundamental del espacio-tiempo. Una teoría clave en esta búsqueda es la Gravedad Cuántica de Bucles, que propone que la geometría del espacio-tiempo está cuantizada en unidades discretas. Esta hipótesis intenta abordar el problema de la singularidad de la relatividad general clásica, al tiempo que ofrece perspectivas sobre las propiedades espaciales y temporales a escalas microscópicas. Por el contrario, la Teoría de Cuerdas sugiere que los constituyentes más básicos del universo no son puntos de dimensión cero, sino filamentos oscilantes. Estos filamentos generan partículas diversas en función de sus patrones de oscilación. Aunque ambas teorías ofrecen ideas cautivadoras sobre los aspectos cuánticos de la gravedad, encuentran obstáculos en cuanto a la confirmación empírica y la integración con otras fuerzas primarias. Profundizar en estas teorías sirve de introducción para los recién llegados al intrincado mundo de la gravedad cuántica, iluminando los esfuerzos de investigación en curso que redefinen nuestra comprensión cósmica.

Importancia para la Cosmología

La mecánica cuántica tiene una relevancia crítica para la cosmología, al iluminar la esencia central del universo y su desarrollo cronológico. Mediante la investigación de sucesos como el entrelazamiento y la radiación cósmica de fondo de microondas, la mecánica cuántica ha marcado el comienzo de un cambio de paradigma en los estudios cosmológicos, ofreciendo una perspectiva alternativa para desentrañar las complejidades del cosmos. Pone en tela de juicio las nociones convencionales sobre el tiempo, el espacio y la conectividad mutua, iluminando lo interconectado que está realmente el cosmos. El examen del entrelazamiento cuántico junto con el impacto de los fenómenos cuánticos en las formaciones cósmicas insinúa una profunda conexión entre los sucesos cuánticos y la aparición de vastas estructuras universales. Esta confluencia de la mecánica cuántica con la cosmología no sólo profundiza nuestra comprensión del cosmos, sino que también impulsa la exploración científica de territorios inexplorados dentro de la física teórica, moldeando así nuestra comprensión de la realidad y la existencia.

XIX. Implicaciones filosóficas

Profundizar en las complejidades de la mecánica cuántica supera los límites convencionales de la física, abordando profundas cuestiones filosóficas inherentes a este complejo dominio. Este campo cuestiona supuestos básicos relativos al determinismo, allanando caminos para el debate sobre la esencia de la realidad y la propia conciencia. Ideas como el entrelazamiento cuántico y el efecto observador plantean una profunda unidad entre todos los constituyentes, evocando profundas reflexiones sobre la existencia, el continuo espacio-temporal y el significado de la vida humana. Al aceptar las incertidumbres que conllevan los fenómenos cuánticos, se anima a las personas a abordar la toma de decisiones y la formación de relaciones con mayor apertura. Integrar los principios cuánticos en la vida cotidiana puede guiar a las personas hacia un mayor sentido de la conexión, destacando la fluidez de la evolución personal junto con la importancia de la conciencia y la inventiva para abordar tanto las complejidades de la mecánica cuántica como las búsquedas filosóficas más amplias.

Realidad y objetividad

Dentro del universo de la mecánica cuántica, las concepciones convencionales de la objetividad y la realidad se transforman, planteando desafíos a las normas establecidas. Fenómenos como el entrelazamiento y la superposición dentro de este reino se oponen a las ideas de determinismo y causalidad clásica, llevando a cuestionar la solidez e imparcialidad de lo que percibimos como real. Según la conexión fluida entre los elementos cuánticos, es necesario reconsiderar nuestra percepción de la existencia, disminuyendo la distinción entre los que observan y lo observado. La acción de medir en este dominio microscópico cambia los resultados, subrayando cómo las perspectivas subjetivas afectan a lo que se considera verdad objetiva. Esta compleja interacción entre observadores y fenómenos subraya una interacción crítica entre las creencias subjetivas y las realidades universalmente aceptadas de la mecánica cuántica. Para los principiantes que se embarcan en el desciframiento de sus crípticas reglas, comprender estos efectos sobre nociones como la realidad resulta crucial para desmitificar los secretos de esta dimensión.

Determinismo y libre albedrío

Explorar el complejo dominio de la mecánica cuántica revela profundas indagaciones sobre la yuxtaposición del determinismo frente a la autonomía. La perspectiva determinista convencional, que sugiere que los acontecimientos están predestinados, se opone a la esencia probabilística de la mecánica cuántica, en la que los resultados permanecen indeterminados hasta que se miden. La Interpretación de Copenhague teoriza que medir la acción altera el estado de un sistema, integrando un factor de volición e imprevisibilidad que emborrona las distinciones entre determinismo y autonomía. Las rarezas cuánticas, como el entrelazamiento y la superposición, añaden capas a este contraste, insinuando un cosmos dirigido por probabilidades más que por resultados fijos. Mientras los novatos navegan por los entresijos de la mecánica cuántica, los debates en torno al determinismo frente al libre albedrío allanan caminos para la especulación filosófica y la reevaluación de nuestro significado cósmico.

Mecánica cuántica y conciencia

Profundizar en el fascinante vínculo entre la consciencia y la mecánica cuántica revela una compleja interacción que trastoca nuestros puntos de vista habituales sobre la realidad y la consciencia. Los fenómenos de la mecánica cuántica, como el entrelazamiento y la superposición, sugieren un vínculo más profundo a través del cosmos que llega hasta la propia conciencia. La importancia de un observador en los escenarios cuánticos muestra cómo la percepción humana influye en los resultados, suscitando debates sobre el determinismo frente al libre albedrío. Esta compleja conexión pone de relieve las posibilidades de comprender la conciencia humana y la naturaleza entretejida de la existencia examinando su convergencia. A través de esta exploración, rompemos los límites establecidos y nos lanzamos a un camino intrigante que reconfigura nuestra comprensión de la conciencia entrelazada con los aspectos centrales de la mecánica cuántica.

XX. La Mecánica Cuántica en la Cultura Popular

La mecánica cuántica, con su profundo impacto, se ha entretejido en el tejido de la cultura popular, dejando huella en la expresión artística a través de diversos canales. Películas como "Inception", que explora los enrevesados reinos de la manipulación de los sueños y la esencia de la realidad, o series de televisión como "The Big Bang Theory", que entretejen alegremente la teoría cuántica en viñetas cotidianas, muestran cómo la mecánica cuántica se borda repetidamente en los tapices del entretenimiento. La literatura tampoco se queda al margen; las obras de ciencia ficción de luminarias como Isaac Asimov y Philip K. Dick profundizan en temas cargados de cuántica, como las realidades alternativas y la crononáutica, fascinando al público con tramas que retuercen la percepción. Ofertas de videojuegos como "Quantum Break" y "BioShock Infinite" integran hábilmente los principios cuánticos en sus estrategias de juego básicas, regalando a los jugadores experiencias en las que la ficción se mezcla con la realidad de formas imprevistas. Estos artefactos culturales hacen algo más que divertir; actúan como instrumentos didácticos, introduciendo complejas ideas cuánticas en un amplio escenario en un formato atractivo y digerible. La imbricación de la mecánica cuántica en la cultura pop señala su papel cada vez más importante a la hora de moldear nuestra comprensión de la existencia, a la vez que alimenta empresas inventivas que saltan por encima de los límites conceptuales establecidos.

Conceptos erróneos y exageraciones

Las confusiones y exageraciones sobre la mecánica cuántica a menudo oscurecen los principios básicos que subyacen a esta compleja área de la física. Las confusiones populares, como creer que la mecánica cuántica se limita a escalas diminutas, impiden comprender los efectos más amplios de los fenómenos cuánticos en el mundo en general. Las exageraciones, como la afirmación de que la mecánica cuántica permite la transmisión inmediata de mensajes a grandes distancias, simplifican demasiado las complejidades del entrelazamiento cuántico y sus limitaciones reales. Estas confusiones y exageraciones obstaculizan la comprensión por parte del recién llegado de conceptos cuánticos esenciales como la superposición y la dualidad onda-partícula, que son cruciales para apreciar realmente lo que define el reino de los cuantos. Aclarando estas confusiones y definiendo con precisión tanto lo que está al alcance como los resultados de dominar las peculiaridades de las partes de la ciencia atómica, los novatos podrán avanzar por este desconcertante territorio con exactitud y matices, estableciendo una base inquebrantable al aventurarse en este encantador dominio.

Influencia en la literatura y el cine

Profundizar en el impacto de la mecánica cuántica en la literatura y el cine revela su amplio recorrido por diversos campos artísticos. Al introducir nociones enrevesadas como el entrelazamiento cuántico, pone de relieve la conectividad intrínseca del universo, avivando el fuego creativo tanto de autores como de directores. Las narraciones de los libros se entrelazan con frecuencia con elementos de las teorías cuánticas, poniendo patas arriba los puntos de vista convencionales sobre la realidad y la conciencia. De forma paralela, las películas entretejen aspectos del pensamiento cuántico para indagar en los enigmas existenciales de la vida, suavizando las distinciones entre la investigación científica y la especulación filosófica. La mecánica cuántica ha enriquecido el ámbito de la narración, impulsando la creatividad humana a explorar más allá de las fronteras conocidas y haciendo que el público participe en viajes contemplativos enmarcados en historias y efectos visuales fascinantes. Esta fusión de las ciencias y las artes para sondear los fenómenos cuánticos aporta sutileza y fascinación a las perspectivas narrativas; esto ofrece a los espectadores una perspectiva inusual para desentrañar la complejidad universal.

Comprensión e interés públicos

El papel de la comprensión y el entusiasmo del público por la mecánica cuántica es vital para moldear las perspectivas de la sociedad hacia esta intrincada materia. Aclarando nociones básicas como la superposición y el entrelazamiento cuántico con explicaciones fáciles de entender y ejemplos comparables, personas de distintos conocimientos científicos pueden comprender y valorar los principios clave de la mecánica cuántica. Los esfuerzos para fomentar el interés del público, incluidos los seminarios instructivos y las atractivas presentaciones de contenidos digitales, son esenciales para despertar la curiosidad y avanzar en el conocimiento de los fenómenos cuánticos en diversos grupos. Cuando los individuos participan activamente en desentrañar los enigmas de la ciencia cuántica, se desencadena un efecto dominó que eleva la conciencia científica general y da lugar a conversaciones significativas sobre los usos prácticos y las cuestiones filosóficas profundas que plantea la mecánica cuántica. En esencia, fomentar la comprensión y el entusiasmo del público por la mecánica cuántica no sólo aumenta nuestra inteligencia compartida, sino que también sienta las bases de avances revolucionarios en la tecnología científica que podrían transfigurar nuestra perspectiva global de cara al futuro.

XXI. Enfoques Educativos de la Mecánica Cuántica

Los enfoques de la enseñanza de la mecánica cuántica son cruciales para hacer comprensible este intrincado tema a los alumnos, especialmente a los que se inician en él. Organizando los recursos de aprendizaje para introducir secuencialmente nociones esenciales como la superposición, el entrelazamiento en la física cuántica y la naturaleza dual de las partículas y las ondas de forma atractiva y lúcida, los profesores pueden desentrañar la complejidad de la mecánica cuántica para principiantes. Aprovechar los ejemplos y las ayudas visuales resulta decisivo para dilucidar estas ideas centrales, estableciendo una conexión entre las teorías abstractas y sus aplicaciones en el mundo real. La inclusión de marcos teóricos como la fórmula de Schrödinger junto con interpretaciones populares como la de Copenhague y la de Everett proporciona una comprensión básica sin abrumar a los alumnos con complejos detalles matemáticos. Mediante el uso de un lenguaje fácil de entender combinado con referencias académicas fiables, las narraciones educativas consiguen guiar a los principiantes por el enrevesado panorama de la mecánica cuántica, a la vez que encienden el entusiasmo y el pensamiento analítico sobre su posterior papel en los sectores de la ciencia y la innovación tecnológica.

Enseñar conceptos complejos

Para que los principiantes comprendan el intrincado tema de la mecánica cuántica, es vital una estrategia educativa meditada para lograr un compromiso eficaz. Mediante el empleo de diversas técnicas de enseñanza, como ilustraciones, actividades dinámicas y comparaciones básicas, puede reducirse el abismo entre las ideas esotéricas y la comprensión perceptible. Incorporar ejemplos de la vida cotidiana junto a usos prácticos de las teorías cuánticas permite a los profesores hacer el tema más accesible y cautivador para los alumnos. Fomentar la participación de los alumnos, el razonamiento analítico y la experimentación tangible mejora el dominio y el recuerdo de conceptos cruciales. Además, establecer una atmósfera de aprendizaje alentadora que invite a la indagación y valore los distintos puntos de vista mejora la calidad de la educación que reciben los alumnos. Adaptar las tácticas pedagógicas a las preferencias individuales de aprendizaje y a los conocimientos previos permite a los educadores aclarar temas complicados como la mecánica cuántica, dando confianza a los recién llegados para explorar las complejidades cuánticas.

Uso de simulaciones y visualizaciones

Para hacer comprensibles las intrincadas ideas de la mecánica cuántica, especialmente para los principiantes que se esfuerzan por comprender sus principios básicos, las simulaciones y las visualizaciones son primordiales. Las exploraciones interactivas mediante simulaciones permiten a los alumnos experimentar principios abstractos como la superposición y el entrelazamiento cuántico de una forma visualmente atractiva y más comprensible. El misterio que rodea el comportamiento de las entidades cuánticas, como la dualidad onda-partícula, se vuelve menos opaco con la ayuda de visualizaciones que ofrecen ilustraciones sólidas que favorecen la comprensión. Estos instrumentos sirven de puente fundamental que une las nociones teóricas con sus implicaciones prácticas, simplificando así la conceptualización de los fenómenos cuánticos para los individuos. Al integrar estas herramientas en los recursos didácticos, ya sean plataformas digitales o talleres prácticos, los principiantes adquieren una mayor comprensión del complejo reino de la mecánica cuántica, lo que sienta las bases para enriquecer los encuentros de aprendizaje y ampliar la comprensión de esta cautivadora disciplina.

Fomentar la comprensión intuitiva

Fomentar una comprensión intuitiva de la mecánica cuántica es de vital importancia para los principiantes que exploran las complejidades de esta desafiante área. Alimentando una perspectiva que acepte la imprevisibilidad y la interconexión, las personas pueden lograr una comprensión instintiva de las ideas cuánticas. Considerar y reflexionar detenidamente sobre diversas posibilidades y probabilidades puede mejorar la capacidad de decisión y enriquecer la percepción del mundo cuántico. Esta estrategia destaca el carácter fluido de los sucesos cuánticos y subraya la importancia de integrar el avance personal con las teorías cuánticas. Mediante la incorporación de técnicas de Mindfulness a las actividades cotidianas y la persecución de objetivos inspirados en la creatividad cuántica, las personas pueden desarrollar una táctica instintiva y global para resolver los problemas. Promover la comprensión intuitiva no sólo aumenta la comprensión de la mecánica cuántica, sino que también fomenta una mentalidad caracterizada por la receptividad y la versatilidad a la hora de abordar las complejidades inherentes a este intrigante dominio.

XXII. Mecánica cuántica y metafísica

Profundizar en la intrincada relación entre la Mecánica Cuántica y la Metafísica desvela un cautivador examen de la existencia y la esencia de la realidad. Los axiomas de la mecánica cuántica desbaratan creencias arraigadas sobre las relaciones causa-efecto y la previsibilidad, indagando en cambio en un universo caracterizado por probabilidades e interconexiones. Fenómenos como la superposición y el entrelazamiento cuánticos ponen patas arriba nuestras opiniones convencionales sobre las dimensiones espacio-temporales, junto con el modo en que el observador influye en el tejido de la realidad. Las revelaciones de la mecánica cuántica van mucho más allá de los meros confines físicos, suscitando reflexiones sobre la conciencia, la autonomía y las cualidades intrínsecas del universo. A los principiantes que desentrañan los principios básicos de la mecánica cuántica se les invita a reflexionar sobre sus ramificaciones metafísicas, descubriendo una elaborada red de imprevisibilidad y conexión que sobrepasa las fronteras del discurso científico ordinario. Este viaje marca un punto de entrada para alcanzar una comprensión profunda sobre el cosmos y el papel de la humanidad en él; fomenta la especulación sobre cómo se entrelazan las realidades cuánticas con los dominios metafísicos.

Interacción entre Física y Filosofía

Al explorar el solapamiento de la física con la filosofía, la mecánica cuántica revela un profundo vínculo entre las exploraciones de la ciencia y el pensamiento existencial. Desvelar complejidades dentro de las realidades cuánticas provoca un cuestionamiento de las creencias filosóficas tradicionales, haciendo necesaria una reevaluación de la esencia central de la realidad y de nuestro papel en ella. Fenómenos como la superposición y el entrelazamiento cuántico fusionan diálogos filosóficos con acontecimientos físicos, suscitando debates sobre temas como el libre albedrío, el determinismo y cómo influyen los observadores en el desarrollo de la realidad. Al exponer la fluidez y la naturaleza interconectada del universo a través de la mecánica cuántica, fomenta conversaciones sobre la percepción, la conciencia y la estructura de la existencia. La fusión entre filosofía y física no sólo mejora la comprensión del dominio cuántico, sino que también aporta reflexiones sustanciales sobre el conocimiento, la realidad o la percepción humana, tendiendo un estrecho puente entre los exámenes científicos y las reflexiones meditativas.

Preguntas sobre la naturaleza de la existencia

Las preguntas sobre la esencia del ser salen a la luz en medio de las complejidades de la mecánica cuántica, sometiendo a escrutinio las percepciones convencionales de la realidad y suscitando reflexiones filosóficas sobre la naturaleza unificada del universo. Ideas como la superposición y el entrelazamiento cuántico revelan un fundamento más intrincado bajo la existencia, suscitando profundas contemplaciones sobre el libre albedrío y la conciencia. El impacto de los fenómenos cuánticos en la percepción y la toma de decisiones humanas parece significativo, insinuando una esencia fluida e impredecible de la realidad. Al aceptar la vaguedad de la mecánica cuántica y reconsiderar los modelos fijos, las personas pueden atravesar la incertidumbre con una mentalidad adaptable y abierta a la comprensión del ser y de la red cósmica que teje. Sumergirse en estas indagaciones no sólo transforma nuestra comprensión de lo que es real, sino que también provoca una reflexión más profunda sobre nuestra propia conciencia dentro de este enigmático marco cuántico.

Impacto en el pensamiento teológico y metafísico

La influencia de la mecánica cuántica en el razonamiento teológico y metafísico es significativa, pues socava los puntos de vista tradicionales sobre la existencia y la realidad. Fenómenos como la superposición y el entrelazamiento en el reino cuántico introducen una noción de imprevisibilidad e interconexión que se alinea con debates filosóficos más amplios. La idea de que las partículas pueden mostrar un comportamiento similar al de las ondas y estar en varios estados a la vez suscita la deliberación sobre la naturaleza de la conciencia y cómo la observación podría moldear la realidad. Principios como el Principio de Incertidumbre, junto con el efecto observador, implican que los resultados de los sistemas cuánticos se ven afectados por la percepción humana, oscureciendo las distinciones entre lo observado y el observador. Esta fusión de conceptos cuánticos con teorías metafísicas enciende el discurso en torno al determinismo, el libre albedrío y la esencia del universo, fomentando la reflexión sobre cómo interactúa la exploración científica con la ponderación existencial. Aventurarse en estos diálogos allana nuevos caminos para el debate metafísico y teológico, desestabilizando las convicciones establecidas e invitando a reconsiderar los principios básicos bajo la iluminación que proporcionan los descubrimientos cuánticos.

XXIII. Mecánica cuántica en biología

En el ámbito de las ciencias de la vida, la fusión con la mecánica cuántica revela una intrigante dinámica entre el reino de lo minúsculamente pequeño y las entidades vivas, proporcionando nuevas perspectivas sobre el funcionamiento interno de la vida. Visto desde la perspectiva de la mecánica cuántica, sucesos como la tunelización cuántica y la coherencia iluminan cómo la fotosíntesis y las actividades enzimáticas alcanzan su eficiencia y complejidad. El entrelazamiento cuántico podría influir en el complejo entramado de los sistemas biológicos, afectando a todo, desde cómo interactúan los genes hasta cómo funcionan las redes neuronales. Comprender cómo los efectos cuánticos podrían dar forma a los sistemas biológicos allana el camino para investigar las formas en que los conceptos cuánticos pueden profundizar nuestra comprensión de la existencia tanto a escala molecular como más expansiva. Aventurarse en esta confluencia de la mecánica cuántica con la biología nos impulsa a descifrar los enigmas existenciales desde un punto de vista cuántico, encendiendo revelaciones revolucionarias a la vez que desestabiliza los puntos de vista establecidos en biociencias.

Efectos cuánticos en los sistemas biológicos

El intrigante solapamiento de la mecánica cuántica con la complejidad de las formas de vida pone de relieve un área en la que se cruzan la biología y los principios cuánticos. La exploración de cómo pueden aplicarse los fundamentos cuánticos a las actividades biológicas está atrayendo más atención debido a sus posibles consecuencias. Investigando sucesos microscópicos como la superposición y el entrelazamiento cuántico, los estudiosos están revelando posibles formas en que estos efectos podrían influir en las funciones de los organismos. Por ejemplo, se ha propuesto que las acciones enzimáticas podrían implicar la formación de túneles cuánticos, lo que supone un reto para la comprensión tradicional de las operaciones bioquímicas. Además, la investigación de la coherencia en los sistemas vivos suscita preguntas sobre cómo podrían influir los sucesos cuánticos en procesos como la magnetorrecepción animal y la fotosíntesis. Conocer el papel de los fenómenos cuánticos en los mecanismos de la vida no sólo proporciona una nueva perspectiva del funcionamiento biológico, sino que también sugiere una conexión más profunda a través del universo en magnitudes desconocidas hasta ahora, enriqueciendo nuestra comprensión tanto de las entidades vivas como del reino de la mecánica cuántica.

Investigación en Biología Cuántica

La investigación en biología cuántica es una intrigante superposición de la mecánica cuántica con las ciencias de la vida, que inyecta nuevos puntos de vista sobre el funcionamiento de la vida. Investigando fenómenos a nivel molecular como la superposición y el entrelazamiento, los científicos tratan de desmitificar las funciones biológicas con un nivel de precisión y comprensión nunca visto. La mecánica cuántica pone sobre la mesa ideas de conectividad e imprevisibilidad que podrían arrojar luz sobre diversos procesos como la fotosíntesis, las reacciones catalizadas por enzimas o incluso las actividades dentro de las neuronas. La infusión de los principios cuánticos en la biología allana el camino a revelaciones apasionantes sobre cómo funcionan los organismos en sus niveles básicos, lo que insinúa avances revolucionarios en áreas como la medicina y la biotecnología. A medida que avanza la investigación en biología cuántica, se abren emocionantes posibilidades de cooperación y avances interdisciplinarios, estrechando la brecha entre las teorías de la física cuántica y las realidades biológicas para exponer la compleja belleza subyacente en los sistemas vivos.

Implicaciones para el Estudio de la Vida

Para la exploración de la vida, la mecánica cuántica plantea un cambio profundo, presentando una perspectiva alternativa para descifrar las complejidades de los sistemas biológicos. Fenómenos como el entrelazamiento y la superposición en la mecánica cuántica apuntan a un grado de interconexión y no-localidad, que podría afectar a las operaciones biológicas. El fenómeno de que las partículas puedan ocupar varios estados a la vez desafía nuestras tradicionales opiniones deterministas sobre el funcionamiento de la biología, sugiriendo que las influencias cuánticas podrían desempeñar un papel en el modo en que interactúan las moléculas y funcionan las células. Esta reinterpretación de la existencia a través del espectro cuántico podría arrojar luz sobre aspectos hasta ahora inexplicables de los comportamientos de los sistemas biológicos, profundizando nuestra comprensión de los mecanismos de la vida. Investigar el solapamiento entre las ciencias de la vida y la mecánica cuántica podría revelar principios de funcionamiento biológico sin precedentes, sentando las bases para avances revolucionarios en áreas como la neurociencia y la biología molecular.

XXIV. Mecánica cuántica y química

Al examinar la intersección de la Mecánica Cuántica y la Química, es crucial sumergirse en los principios básicos que dictan cómo se comportan los átomos y las moléculas para comprender en profundidad los procesos químicos a escala cuántica. La llegada de la mecánica cuántica ha transformado la química al arrojar luz sobre cómo se enlazan los átomos, los niveles de energía dentro de los orbitales moleculares y cómo se desarrollan las reacciones químicas. Nociones clave como la superposición y el entrelazamiento cuántico son fundamentales para aclarar el comportamiento de las partículas a escala diminuta, lo que influye tanto en la estabilidad como en la reactividad de las sustancias químicas. El concepto de dualidad onda-partícula proporciona una visión esclarecedora de las características duales de la materia y la luz, mejorando nuestra comprensión de las configuraciones moleculares y los métodos espectroscópicos. Al explorar en profundidad el complejo vínculo entre la mecánica cuántica y la química, desentrañamos la densa red que controla los constituyentes básicos de la materia junto a las elaboradas secuencias de alteraciones químicas; destacando así la sustancial influencia de la mecánica cuántica sobre el dominio de la química.

Enlace químico y reacciones

La mecánica cuántica sirve de base teórica para desmitificar los comportamientos de la materia a escala molecular, destacando su papel primordial en los enlaces y las reacciones químicas. Para comprender los enlaces químicos son fundamentales los mecanismos de las interacciones atómicas y el reparto de electrones, representados mediante conceptos de mecánica cuántica como el entrelazamiento y los principios de superposición. La teoría cuántica arroja luz sobre las propiedades ondulatorias de los electrones y su distribución en las moléculas, desentrañando la complejidad que subyace a las configuraciones moleculares y los rasgos de reactividad. La ecuación fundamental de Schrödinger en la física cuántica impulsa nuestra comprensión de cómo los electrones navegan por los paisajes químicos, iluminando las vías de creación y disolución de enlaces. Ver las transacciones químicas a través del prisma de los fenómenos cuánticos nos permite percibirlas como procesos vibrantes dirigidos por probabilidades de electrones y estados energéticos, ofreciendo una visión intrincada pero profunda del reino de las moléculas que alimenta innumerables avances tecnológicos en los campos de la química.

Química Cuántica y Métodos Computacionales

En el ámbito de la mecánica cuántica, las técnicas computacionales y la química cuántica asumen una función esencial a la hora de revelar las características y acciones de las moléculas, así como de los átomos, a escala cuántica. Este campo emplea algoritmos junto con artilugios computacionales para modelar y escudriñar sistemas complejos regidos por reglas cuánticas, arrojando luz sobre las configuraciones moleculares, los enlaces químicos y las vías de las reacciones con una precisión inigualable. Aprovechar las capacidades de los ordenadores basados en teorías cuánticas junto con algoritmos intrincados permite a los científicos especializados en esta rama descifrar sucesos complejos dentro de las moléculas que antes estaban fuera del alcance de los métodos informáticos tradicionales. Estos sofisticados enfoques no sólo amplían nuestra comprensión de las interacciones químicas, sino que también sientan las bases de avances en áreas como la producción de materiales, el desarrollo farmacéutico y el diseño de catalizadores. La colaboración entre estrategias computacionales basadas en principios de la física cuántica, que amplían constantemente los límites científicos, crea una perspectiva optimista para la exploración y los avances dinámicos en diversos sectores de la investigación química.

Avances en Ciencia de Materiales

Los principios de la mecánica cuántica han influido profundamente en los avances de la ciencia de los materiales, dando lugar a innovaciones revolucionarias en múltiples sectores. Fenómenos como el entrelazamiento y la superposición han despejado el camino para producir materiales que ostentan cualidades y funciones sin precedentes. Explotando estas nociones cuánticas, los expertos han conseguido crear materiales que presentan una flexibilidad, durabilidad y conductancia eléctrica superiores, transformando sectores que van desde la atención sanitaria a la electrónica de consumo. La sinergia entre la ciencia de los materiales y la mecánica cuántica pone de relieve un horizonte infinito para inventar materiales de vanguardia capaces de satisfacer las demandas dinámicas de la sociedad, al tiempo que amplían los límites de la ciencia conocida. Con una profunda comprensión de las teorías cuánticas, los científicos especializados en materiales están encabezando iniciativas hacia una era en la que los materiales faciliten activamente el crecimiento tecnológico y el desarrollo de la sociedad, en lugar de limitarse a existir como elementos inertes. Profundizar en la aplicación de la mecánica cuántica a la ciencia de los materiales revela oportunidades que fusionan la especulación imaginativa con los logros científicos tangibles.

XXV. Mecánica cuántica y astrofísica

Dentro de los dominios de la mecánica cuántica y la física celeste, se desentraña una compleja interconexión que expone los profundos vínculos entre los reinos minúsculos y vastos. La mecánica cuántica proporciona una perspectiva distintiva para sondear los enigmas del universo a través de sus conceptos de superposición y entrelazamiento. Al investigar la dualidad ondapartícula y las sofisticadas interacciones entre los elementos cuánticos, accedemos a una mayor comprensión de los fenómenos celestes y las formaciones galácticas. La aplicación de los principios cuánticos a los estudios celestes revela la estructura esencial de la realidad, influyendo en nuestra comprensión de los objetos espaciales y los sucesos cósmicos. Tendiendo un puente de las partículas a las galaxias, esta fusión entre la ciencia cuántica y los estudios astronómicos nos insta a reflexionar tanto sobre la unidad como sobre la diversidad dentro del universo, impulsándonos hacia nuevos horizontes en el descubrimiento del conocimiento.

Fenómenos cuánticos en el espacio

Dentro del inmenso vacío del espacio, los fenómenos de la mecánica cuántica desvelan una profunda vinculación a través del universo, superando nuestras concepciones habituales de la existencia. El entrelazamiento cuántico demuestra cómo las partículas pueden permanecer unidas independientemente de su separación en el espacio, poniendo en cuestión nuestras ideas sobre las limitaciones espaciales. Este suceso apunta a una red universal de interacciones que elude las reglas de la física tradicional e indica una unidad subyacente en la estructura del cosmos. Las repercusiones de estos descubrimientos no sólo despiertan interés científico, sino que señalan una profunda alteración en la percepción de la esencia misma del espacio. Profundizar en los sucesos cuánticos de la extensión celeste revela una compleja interacción de partículas entrelazadas que atraviesan el vacío, poniendo de relieve el intercambio dinámico entre energía y datos que constituye la base de todo el material cósmico. A medida que profundizamos en estos aspectos enigmáticos del comportamiento cuántico, nos vemos obligados a reflexionar sobre la naturaleza esencial de la existencia y nuestro papel en medio de este gran esquema cósmico, transformando nuestra comprensión de la realidad y la conexión mutua de todo.

Agujeros negros e información cuántica

Las enigmáticas entidades del cosmos, conocidas como agujeros negros, demuestran una importante fuerza gravitatoria y ponen de relieve intrigantes vínculos con la información cuántica, mostrando dónde se unen la gravedad y la física cuántica. El modo en que se forman y actúan pone a prueba nuestra comprensión de la física básica, arrojando luz sobre fenómenos como el principio holográfico y la paradoja de la información dentro de los agujeros negros. Cuando aplicamos las teorías de la información cuántica a estas rarezas celestes, se postula que los detalles sobre las partículas que los componen podrían estar codificados a lo largo de sus límites de suceso, lo que da lugar a debates sobre cómo se conserva la información cuando se enfrenta a la evaporación causada por la radiación de Hawking. Profundizar en los estudios de los agujeros negros a través de una lente de mecánica cuántica ofrece un campo apasionante en el que los misterios de la gravedad se entrelazan con los del entrelazamiento cuántico, sugiriendo profundos vínculos entre el tejido del espacio-tiempo, las partículas y los aspectos de los datos. Involucrarse en la ciencia de los agujeros negros no sólo pone de relieve lo intrincadamente unidos que están los dominios de la mecánica cuántica y las fuerzas gravitatorias, sino que también atrae tanto a principiantes como a expertos en física hacia el descubrimiento de esta fascinante área llena de asombrosos secretos que esperan ser descubiertos.

Cosmología cuántica

El campo de la cosmología cuántica, en el que los principios de la mecánica cuántica se fusionan con los de la cosmología, pretende indagar en los inicios del universo y en su evolución a un nivel básico. Aplicando conceptos de la mecánica cuántica a toda la extensión cósmica, investiga el tejido esencial de la realidad y cómo toda la materia y la energía están interrelacionadas. Empleando teorías como el entrelazamiento cuántico y la tunelización, los estudiosos se esfuerzan por desentrañar los enigmas que rodean al Big Bang y a la expansión continua del universo. La fusión de la mecánica cuántica con las teorías sobre el cosmos aporta nuevos puntos de vista sobre fenómenos como la radiación cósmica de fondo de microondas y el desarrollo de las galaxias, ampliando así nuestra comprensión más allá de los límites conocidos. La cosmología cuántica no sólo actúa como base teórica, sino que también forja un vínculo entre el diminuto reino de la física cuántica y la inmensidad del espacio, proporcionando profundas revelaciones sobre la naturaleza existencial y la compleja red de la realidad.

XXVI. Mecánica cuántica y termodinámica

Dentro del dominio de la mecánica cuántica, surge una fascinante mezcla de principios rudimentarios que guían los reinos minúsculos y vastos a través de la compleja interacción entre los sucesos cuánticos y las leyes termodinámicas. La mecánica cuántica desafía las percepciones preestablecidas de la existencia mediante nociones básicas como la superposición y el entrelazamiento cuántico, que introducen incertidumbres y una red de conexiones a nivel minúsculo. El concepto de dualidad onda-partícula añade otra capa a nuestra perplejidad, acentuando cómo las entidades de la dimensión cuántica presentan características tanto de partícula como de onda. Para los neófitos que se sumergen en la exploración de la mecánica cuántica, dominar estos conceptos elementales es clave. Involucrarse en fundamentos teóricos como el comportamiento de la función de onda o la ecuación de Schrödinger permite a los principiantes desvelar las capas de misterio que envuelven a la mecánica cuántica, al tiempo que reconocen sus aplicaciones transformadoras en campos innovadores como la criptografía o la informática cuántica. Comprender este tango lleno de matices entre la termodinámica y los fenómenos cuánticos es crucial para abrir perspectivas a la comprensión profunda del tejido del cosmos, catalizando así nuevos descubrimientos y avances tecnológicos en este ámbito.

Mecánica Estadística Cuántica

La Mecánica Estadística Cuántica se aventura en el reino de la probabilidad dentro de marcos cuánticos, estableciendo conexiones entre comportamientos diminutos y atributos a gran escala. En la escala atómica, la mecánica cuántica introduce la indeterminación, mientras que la mecánica estadística trata de cuantificar las acciones de grupo y predecir los resultados mediante probabilidades. Mediante el estudio de los grupos de partículas, este dominio se esfuerza por descifrar las cualidades termodinámicas y los cambios de fase de los materiales. Fenómenos como el entrelazamiento cuántico y la superposición son fundamentales en este contexto, ya que afectan al comportamiento estadístico de estos sistemas. Comprender estos conceptos es vital para desmitificar las complejidades inherentes a la mecánica cuántica, sobre todo para los novatos deseosos de entender nociones esenciales como la naturaleza dual de ondas-partículas y los vínculos entre objetos cuánticos. Además, profundizar en la mecánica estadística cuántica ilumina sus beneficios prácticos para los campos tecnológicos y las industrias, lo que conduce a avances en áreas como los métodos criptográficos o el procesamiento informático revolucionario que utiliza principios de los revolucionarios silenciosos de Madison Avenue; con un potencial que redefine drásticamente las modalidades de resolución de problemas en todos los sectores.

Entropía e información

En el ámbito de la física cuántica, la entropía y la información se entrelazan para desafiar las percepciones establecidas del orden frente al caos. La entropía, que mide el desorden o aleatoriedad dentro de un sistema, refleja la incertidumbre arraigada en los estados y actividades cuánticos. A medida que las investigaciones en el ámbito microscópico se amplían a través de la mecánica cuántica, la intrincada conexión entre entropía e información se hace más compleja. El entrelazamiento cuántico introduce una capa de complejidad adicional al permitir que las partículas se entrelacen independientemente de su distancia de separación, complicando nuestra comprensión de cómo se interrelacionan el intercambio de información y la entropía. Esta interconexión sugiere un marco más profundo subyacente a la realidad, donde el flujo de información supera los límites convencionales. Profundizar en las ramificaciones de la entropía junto con la información en el campo de la mecánica cuántica no sólo enriquece la comprensión de los principios básicos, sino que también pone de relieve la interconectividad inherente del universo, animando a los recién llegados a explorar los misterios revelados por esta disciplina científica encapsuladora.

Procesos termodinámicos cuánticos

Dentro del dominio de la mecánica cuántica, el escrutinio de las operaciones termodinámicas cuánticas revela vínculos complejos entre los sucesos cuánticos y la termodinámica, esculpiendo nuestra percepción de la transición energética y la conducta del sistema. La termodinámica cuántica sondea las minúsculas interacciones que dirigen los intercambios de energía en un escalón cuántico, impugnando las normas termodinámicas convencionales. Al entretejer nociones cuánticas como la superposición y el entrelazamiento con esquemas termodinámicos, los estudiosos pueden explorar métodos inexplorados de transformación, reserva y despliegue de la energía. La integración de los axiomas cuánticos en las empresas termodinámicas no sólo proporciona información sobre la explotación eficiente de la energía, sino que también subraya la naturaleza fusionada de las unidades cuánticas y su influencia en los sistemas a gran escala. Comprender el impacto de la mecánica cuántica en los procedimientos termodinámicos es fundamental para impulsar las innovaciones energéticas y mejorar la eficacia de los sistemas en un reino gobernado por los cuánticos.

XXVII. Mecánica cuántica y teoría de la información

Cuando profundizamos en la compleja relación que une la Mecánica Cuántica con la Teoría de la Información, se desvela una intrigante encrucijada que transforma nuestra comprensión tanto de la actualidad como de la transferencia de datos. Con sus extrañas reglas y ocurrencias, como la superposición junto con el entrelazamiento cuántico, la Mecánica Cuántica se enfrenta a los marcos tradicionales de cómo se procesa y conserva la información. Estas nociones no sólo alteran nuestra forma de ver el minúsculo universo, sino que también allanan el camino para avances revolucionarios en la computación cuántica y el intercambio seguro de datos. Investigar fenómenos como la dualidad onda-partícula junto con las implicaciones derivadas del principio de incertidumbre permite a los recién llegados comprender las características dobles de los elementos cuánticos más la imprevisibilidad intrínseca que funda la existencia cuántica. Comprender los principios básicos de la Mecánica Cuántica dentro del perímetro de la Teoría de la Información abre un portal para que los principiantes admiren la sofisticada interacción entre los sucesos cuánticos y la codificación de la información, preparando un viaje más profundo a través de estos intrincados pero apasionantes campos científicos.

Ciencia de la Información Cuántica

Dentro del dominio de la mecánica cuántica se encuentra un sector crítico conocido como Ciencia de la Información Cuántica, un área centrada en el control y la difusión de datos mediante sucesos cuánticos. Este territorio interdisciplinar explota las leyes de la mecánica cuántica para transformar radicalmente la forma en que procesamos y comunicamos la información. Mediante el empleo de nociones como la superposición, el entrelazamiento en el reino cuántico y el teletransporte por medios cuánticos, los investigadores son capaces de ensamblar sistemas de computación basados en la cuántica con capacidades de cálculo que no tienen parangón y de elaborar técnicas de encriptación esencialmente inexpugnables. Comprender los conceptos básicos de esta ciencia, desde los qubits hasta los algoritmos del reino cuántico, es la clave para liberar las inmensas capacidades inherentes a las tecnologías que aprovechan el poder de la cuántica. Además, la inmersión en este campo científico específico ilumina no sólo aspectos complejos que sustentan las teorías mecánicas de los quantums, sino que también despeja el camino hacia saltos revolucionarios tanto en los ámbitos computacionales como en los marcos que garantizan la seguridad de los datos, erigiéndose así en una columna vertebral crucial que sirve a los dominios actuales relacionados con la ciencia junto con los avances tecnológicos.

Enredo y transferencia de información

La interconexión sin tener en cuenta el espacio, conocida como entrelazamiento cuántico, se erige como un elemento crítico dentro de la mecánica cuántica para facilitar la transmisión de datos. Al formarse pares entrelazados mediante la sincronización de sus estados, la alteración de una partícula influye instantáneamente en su compañera a través de grandes extensiones. Este enigmático entrelazamiento desvela perspectivas revolucionarias en los protocolos de intercambio seguro de mensajes, como la criptografía cuántica y el teletransporte, permitiendo compartir información con una seguridad y velocidad nunca vistas. Comprender este entrelazamiento abre las puertas a su aplicación para revolucionar la infotecnología mediante metodologías de encriptación superiores, construir redes para diálogos cuánticos y profundizar en los enigmas de la conciencia cuántica. Para los novatos que se embarcan en desentrañar las complejidades de la física cuántica, dominar el entrelazamiento significa acceder a un escenario de oportunidades interrelacionadas que trasciende las limitaciones actuales sobre cómo se intercambia la información dentro del reino de los cuantos.

Algoritmos cuánticos

En el ámbito de la informática cuántica, los algoritmos cuánticos ocupan una posición crítica, introduciendo un enfoque innovador para abordar eficazmente los retos computacionales complejos. Estos algoritmos aprovechan las características distintivas de la física cuántica, como el entrelazamiento y la superposición, permitiendo ejecutar cálculos a velocidades nunca vistas. Al convertir los problemas en unidades llamadas qubits, estos algoritmos pueden investigar varias soluciones a la vez, lo que se traduce en aceleraciones exponenciales cuando se contrasta con los métodos tradicionales para tareas específicas. Para los novatos que se aventuran en la mecánica cuántica, comprender los conceptos que sustentan los algoritmos cuánticos allana el camino hacia el desbloqueo de perspectivas transformadoras en la tecnología informática. A medida que avanzan los progresos de la informática cuántica, la exploración vigorosa de estos procedimientos algorítmicos es clave para aprovechar plenamente todo lo que esta tecnología innovadora puede ofrecer.

XXVIII. Mecánica cuántica y matemáticas

Al sondear el denso nexo que une la Mecánica Cuántica con las Matemáticas, uno se aventura en la profunda cooperación entre las construcciones teóricas y los fenómenos que pueden observarse. El dialecto fundacional a través del cual se desentrañan y expresan las desconcertantes reglas de la mecánica cuántica lo proporcionan las Matemáticas. A través de la elegancia de los formalismos matemáticos, nociones como la superposición, el entrelazamiento en espacios cuánticos y la naturaleza dual de ondas y partículas se comunican sucintamente, fomentando una comprensión enriquecida de las complejidades dentro del dominio de la cuántica. La espina dorsal matemática que sustenta la mecánica cuántica, mostrada a través de manifestaciones como la ecuación de Schrödinger junto con interpretaciones basadas en la probabilidad, establece un esquema para profundizar en las características imprevistas y fortuitas de las configuraciones cuánticas, a la vez que proporciona herramientas para conducirse a través de la imprevisibilidad intrínseca de este reino. A medida que los principiantes empiezan a descifrar los fundamentos de la mecánica cuántica, son testigos directos de cómo las matemáticas se entrelazan estrechamente con los misterios que impregnan nuestra comprensión de la física que sustenta la existencia; iniciándoles así en una expedición transformadora al núcleo de la física moderna.

Fundamentos matemáticos

Al sumergirse en los orígenes matemáticos de la física cuántica, se entra en un terreno en el que se ponen a prueba las nociones convencionales de la física, desplegando nuevos marcos de comprensión. La ecuación de Schrödinger se erige como elemento fundamental de la teoría cuántica, ya que capta magistralmente los comportamientos de los sistemas cuánticos y ofrece una estructura numérica para comprender fenómenos como la superposición y la dualidad onda-partícula. Aunque esta ecuación alberga sofisticación conceptual, sienta las bases para investigar la esencia estocástica de los estados cuánticos junto con su progresión temporal. Al sondear los fundamentos matemáticos asociados al entrelazamiento cuántico y a las funciones de onda, se produce un encuentro con la profunda conexión de las partículas que pone patas arriba los supuestos lógicos tradicionales. Al desentrañar estos modelos matemáticos y examinar sus aplicaciones tangibles en áreas como la computación cuántica y los métodos criptográficos, los principiantes pueden reconocer la significativa influencia ejercida por la diligencia matemática a la hora de desentrañar los complejos entramados de la mecánica cuántica.

Papel de la simetría y la teoría de grupos

En el ámbito de la mecánica cuántica, el papel que desempeñan la simetría y la teoría de grupos es crucial para comprender fenómenos complejos. Los principios de simetría actúan como un prisma a través del cual pueden preverse y analizarse los comportamientos de las partículas y los sistemas dentro del dominio cuántico, exponiendo patrones y conexiones esenciales para nuestra comprensión. La teoría de grupos proporciona un andamiaje matemático que ayuda a organizar simetrías y transformaciones, facilitando un método estructurado para explorar las características de los sistemas cuánticos. Aprovechar la teoría de grupos en el contexto de la mecánica cuántica revela vínculos más profundos entre diversas entidades físicas, enriqueciendo así nuestra comprensión de la arquitectura fundamental del universo. Esta amalgama de simetría con teoría de grupos nos proporciona herramientas para descifrar las intrincadas complejidades de la mecánica cuántica, haciéndola así más comprensible y esclarecedora para los novatos deseosos de desmitificar sus crípticas nociones y ramificaciones.

Sistemas cuánticos topológicos

Los sistemas topológicos cuánticos desvelan un aspecto intrigante de la mecánica cuántica al poner de relieve la compleja interrelación entre las entidades cuánticas. Estos sistemas destacan por su resistencia a las perturbaciones y su dependencia de propiedades globales en lugar de detalles minúsculos, lo que trastorna las perspectivas tradicionales sobre los estados cuánticos. La visión a través de marcos cuánticos topológicos proporciona a las personas, desde estudiosos a aficionados, la oportunidad de descubrir los sutiles mecanismos del entrelazamiento cuántico y la cautivadora complejidad de la dualidad onda-partícula. Sumergirse en estos ámbitos mejora la comprensión de los comportamientos cuánticos, al tiempo que prepara el terreno para posibles avances en áreas como la comunicación segura y la computación cuántica. Al aceptar las intrincadas conexiones dentro de los entornos cuánticos topológicos, los principiantes pueden comprender los conceptos básicos de los principios cuánticos, fomentando así investigaciones ampliadas y enfoques novedosos dentro de la esfera de los avances cuánticos.

XXIX. Mecánica cuántica y no localidad

Al explorar el cautivador dominio de la Mecánica Cuántica y la No Localidad, surgen teorías esenciales que cuestionan nuestra comprensión habitual de la existencia. El fenómeno conocido como entrelazamiento cuántico muestra partículas que se enlazan misteriosamente en vastos espacios, ilustrando esta característica no local y subrayando la naturaleza interconectada del reino cuántico. Mientras los novatos vadean las complejidades de la dualidad onda-partícula y el Principio de Incertidumbre, la no localidad destaca como un elemento crucial que transforma nuestros puntos de vista. La no localidad en la mecánica cuántica no sólo cuestiona las viejas ideas sobre las limitaciones espaciales, sino que también pone de relieve lo profundamente interconectado que está el universo, ya que las acciones en un punto tienen efectos inmediatos en partículas lejanas. Comprender la no localidad cuántica abre las puertas a la decodificación de los enigmas del mundo cuántico, proporcionando profundas revelaciones sobre la coherencia y la dinámica fluida de la realidad mientras navegamos por la elaborada trama de la mecánica cuántica.

Concepto de interacciones no locales

El concepto de mecánica cuántica despliega la fascinante idea de las interacciones que son no locales, poniendo a prueba nuestra comprensión convencional del tiempo y el espacio. La no localidad indica que las partículas poseen la capacidad de vincularse instantáneamente, sin importar su separación espacial, contradiciendo las creencias tradicionales sobre la localidad. Esta característica única se pone de relieve a través del fenómeno conocido como entrelazamiento cuántico, que revela una extensa red de conexiones más allá de los límites físicos. Al explorar estas interacciones no locales, los recién llegados a este campo pueden empezar a comprender el complejo entramado de relaciones dentro del dominio cuántico, en el que las partículas muestran un comportamiento colectivo a pesar de las grandes distancias que las separan. Comprender la no localidad es crucial para desvelar los secretos de la mecánica cuántica y reconocer las intrincadas fuerzas que dan forma a nuestro cosmos. A medida que los principiantes diseccionan los elaborados entresijos de las interacciones no locales, descubren una unidad significativa que fundamenta la esencia de la realidad, lo que les encamina hacia una comprensión enriquecida de los sucesos cuánticos a medida que profundizan en el territorio de la mecánica cuántica.

Pruebas de no localidad

Las pruebas de no localidad en mecánica cuántica plantean retos a nuestras visiones tradicionales del cosmos, introduciendo a los neófitos en el misterioso dominio de los sucesos cuánticos. Los investigadores revelan que investigaciones como el experimento de Bell, que examina las partículas entrelazadas, y las violaciones de las desigualdades de Bell demuestran vínculos no locales que desafían los límites habituales del espacio-tiempo. Estos exámenes se derivan del principio del entrelazamiento cuántico e ilustran cómo la conectividad de las partículas cuánticas va en contra de las ideas directas sobre la localidad y la separación. Profundizando en estos experimentos con términos comprensibles y explicaciones sencillas, los principiantes podrían comprender las importantes consecuencias que la no localidad tiene dentro de la mecánica cuántica, allanando un camino hacia el desciframiento de los enigmas en torno al entrelazamiento cuántico junto con sus efectos sobre nuestra visión de la realidad y la comprensión del cosmos. A través de tales exploraciones, los recién llegados a las ciencias cuánticas pueden empezar a reconocer la intrincada red en la que se basa el reino de los cuantos, preparando así el terreno para su posterior inmersión en las complejidades inherentes a la Mecánica Cuántica, junto con la exploración de sus impactos tangibles en los avances tecnológicos contemporáneos y en los campos de investigación científica.

Implicaciones filosóficas y teóricas

Desvelar los secretos de la mecánica cuántica no sólo revela complejos conceptos científicos, sino también profundas cuestiones filosóficas y teóricas que cuestionan las visiones establecidas del mundo. Los efectos filosóficos de la mecánica cuántica brillan en nociones como la dualidad onda-partícula y el Principio de Incertidumbre, que hacen distinciones poco claras entre el impacto de los observadores y los resultados fijos. El entrelazamiento cuántico, que pone de relieve la interconectividad, suscita debates sobre la esencia de la realidad y la conciencia, lo que lleva a reconsiderar el determinismo frente al libre albedrío. Las discusiones sobre teorías como las de Copenhague y Everett amplían este debate filosófico, mostrando distintos puntos de vista sobre cómo interpretar los rasgos probabilísticos inherentes al dominio cuántico. Cuando los recién llegados se adentran en el estudio de la mecánica cuántica, no sólo se comprometen con hipótesis científicas, sino que se embarcan en una exploración que cuestiona fundamentos existenciales sobre la vida misma.

XXX. Mecánica cuántica y determinismo

La esencia probabilística de la mecánica cuántica desestabiliza las creencias deterministas tradicionales al tejer la incertidumbre en el núcleo de la realidad. Los principios clave de la mecánica cuántica, como la superposición y el entrelazamiento, describen un universo en el que los resultados son intrínsecamente indeterminados hasta que se miden, sacudiendo los cimientos de la filosofía determinista. Esta imprevisibilidad, simbolizada por el Principio de Incertidumbre, suscita profundas preguntas sobre la naturaleza del libre albedrío y la previsibilidad de los acontecimientos. A medida que la mecánica cuántica transforma los avances tecnológicos y la comprensión científica, introduce simultáneamente enigmas filosóficos relativos a la interconexión de las partículas y al impacto de la conciencia en la configuración de la existencia. El contraste entre la mecánica cuántica y el determinismo desvela un ámbito de exploración en el que la vaguedad y la duda forjan nuevas comprensiones y perspectivas, provocando que los neófitos exploren más a fondo el críptico reino de la teoría cuántica.

Naturaleza Determinista vs. Probabilista

En el ámbito de la mecánica cuántica, existe un marcado contraste entre sus características deterministas y probabilistas, que altera fundamentalmente nuestra comprensión del cosmos. Mientras que la física clásica destacaba el determinismo, con causas que conducían a resultados previsibles, la mecánica cuántica trastoca esta visión al infundir elementos de azar. El principio de incertidumbre, crucial para la teoría cuántica, postula que los atributos específicos de las partículas son intrínsecamente ambiguos, desafiando las nociones tradicionales de determinismo. Fenómenos como la superposición y el entrelazamiento enturbian aún más las distinciones entre definitividad y probabilidad, proponiendo una realidad más complejamente dictada por probabilidades que por verdades sólidas. Para los novatos inclinados a desentrañar los enigmas de la mecánica cuántica, reconocer su esencia basada en la probabilidad es esencial para iniciar un cambio significativo en la visión de la dinámica central del universo. Sumergirse en conceptos fundamentales mientras se lucha con el determinismo frente al azar allana nuevos caminos hacia la comprensión tanto de la matizada esencia de la existencia como de lo profundamente entrelazados que estamos dentro de la enigmática red de la cuántica.

Teorías de las variables ocultas

La exploración y el debate en torno a las Teorías de las Variables Ocultas han sido persistentes en el ámbito de la mecánica cuántica, presentando interpretaciones alternativas para los resultados basados en el azar que se observan en los marcos cuánticos. Dichas teorías sugieren que hay variables ocultas en juego que influyen decisivamente en el comportamiento de las partículas, con el objetivo de salvar la distancia entre la imprevisibilidad de los sucesos cuánticos y un modelo más previsible. Los defensores de las Teorías de las Variables Ocultas aspiran a mitigar las dificultades intelectuales provocadas por la incertidumbre de la mecánica cuántica, postulando que factores invisibles afectan a los resultados de las mediciones. Sin embargo, estas proposiciones se enfrentan a importantes obstáculos y al escepticismo debido a los descubrimientos experimentales que afirman los atributos probabilísticos inherentes a las estructuras cuánticas. Aunque los modelos deterministas poseen su encanto, confirmar las Teorías de las Variables Ocultas mediante la experimentación sigue siendo un reto, que subraya tanto la complejidad como la fascinación que rodean a los sucesos cuánticos y que cautivan a estudiosos y novatos por igual cuando se adentran en el misterioso dominio de la mecánica cuántica.

Implicaciones para la previsibilidad

Explorar las profundidades de la mecánica cuántica revela importantes revelaciones sobre la previsibilidad. Los principios de la física tradicional, que se basan en un modelo determinista en el que las causas conducen a efectos específicos, se ponen a prueba a medida que la imprevisibilidad se convierte en un actor clave en los reinos cuánticos. Nociones como la superposición y el entrelazamiento chocan con las creencias establecidas sobre la certeza, dando paso a una era dominada por las probabilidades más que por resultados claros. La proposición del Principio de Incertidumbre de Werner Heisenberg subraya aún más esta transición al señalar las limitaciones fundamentales de medir simultáneamente ciertos atributos de las partículas. Este elemento de incertidumbre no sólo altera nuestra percepción de la realidad, sino que también complica las previsiones a las escalas más pequeñas de la materia. Para los recién llegados que se aventuran en este campo, encontrarse con estos aspectos fundacionales provoca un cambio monumental de perspectiva que pone de relieve la delicada coexistencia entre las capacidades de previsión y los elementos indeterminados que caracterizan a los sucesos cuánticos.

XXXI. La Mecánica Cuántica y la Mente

Profundizar en el complejo vínculo que une la mecánica cuántica con la conciencia humana revela una apasionante interacción entre la conciencia mental y el universo microscópico. Intrigantes conceptos cuánticos como la superposición y el entrelazamiento trastocan las perspectivas convencionales de la existencia, proponiendo una profunda unidad que resuena en nuestra comprensión de las operaciones del pensamiento y los mecanismos de elección. La posición central del observador en la teoría cuántica pone de relieve cómo la observación influye notablemente en el comportamiento de las partículas, provocando reflexiones sobre el destino, la autonomía y lo que significa realmente ser consciente. Aceptar las nociones de incertidumbre y conexión mutua de la mecánica cuántica no sólo podría potenciar nuestras capacidades intuitivas para tomar decisiones, sino que también podría fomentar una actitud más consciente y compasiva hacia las conexiones interpersonales y la autoexpansión. Fusionar los métodos de Mindfulness con los principios de la ciencia cuántica permite a las personas vadear hábilmente a través de la vaguedad, cultivando tanto la creatividad como la sabiduría interior para lograr una autoevolución impactante junto con el bienestar colectivo.

Teorías de la conciencia

Sumergirse en el intrincado mundo de la mecánica cuántica despliega una atractiva intersección con la conciencia, suscitando atractivas teorías destinadas a desentrañar los enigmas que rodean la cognición humana. Estas exploraciones de la conciencia cuestionan cómo nuestras experiencias internas surgen de las operaciones físicas del cerebro, incitando a reflexionar sobre la existencia y la esencia de la realidad. Esta convergencia con la mecánica cuántica introduce nuevos puntos de vista, en los que nociones como la dualidad onda-partícula y el entrelazamiento se enfrentan a las ideas convencionales sobre el determinismo y las relaciones causa-efecto. Los resultados probabilísticos propuestos por la Interpretación de Copenhague en el ámbito cuántico oscurecen aún más las distinciones entre espectadores y fenómenos observados, evocando profundas indagaciones sobre la influencia de la conciencia en el moldeado de nuestro universo percibido. Dentro de este intrincado laberinto de dimensiones cuánticas, las percepciones sobre la conciencia brillan como un prisma intrigante para ponderar nuestras conexiones universales y nuestra autoidentidad dentro de su vasta extensión.

Dinámica Cuántica del Cerebro

El viaje al denso bosque de la mecánica cuántica del cerebro revela una intersección con la neurociencia, pintando un cuadro complejo lleno de potencial. Fenómenos como el entrelazamiento y la superposición ponen patas arriba las nociones convencionales sobre el funcionamiento del cerebro, insinuando un vínculo más intrincado entre las funciones cognitivas y las actividades cuánticas. Esta interacción suscita profundas indagaciones sobre la conciencia, la esencia de la toma de decisiones y lo que constituye fundamentalmente la mente. Aprovechar los conceptos cuánticos para analizar el comportamiento cerebral podría desvelar nuevas perspectivas sobre el procesamiento de la información en el cerebro, la retención de la memoria y la generación del pensamiento. Comprender los fundamentos cuánticos de las señales cerebrales podría conducir a avances revolucionarios en el tratamiento de afecciones neurológicas, la mejora de las capacidades mentales y el progreso de las tecnologías de inteligencia artificial, marcando un nuevo rumbo para los avances en la ciencia médica y la innovación tecnológica. Sumergirse en la dinámica cuántica del cerebro no sólo ilumina los enigmas de la mente, sino que también nos dirige hacia una era en la que la investigación neurocientífica aproveche los avances cuánticos como motores de vanguardia para el progreso.

Controversias y especulaciones

En el ámbito de la física cuántica, los debates cargados de especulación cuestionan supuestos arraigados, encendiendo discusiones enérgicas tanto entre científicos como entre pensadores. Un tema muy controvertido es si la conciencia humana afecta directamente a los resultados cuánticos, con opiniones que van desde los que creen que la observación altera la existencia hasta los que se adhieren a una perspectiva determinista. Tales argumentos ahondan en cuestiones filosóficas más amplias relativas a la libertad de elección, la predeterminación y la esencia de la realidad. Además, las conjeturas relativas a la sugerencia de universos paralelos de la teoría del multiverso introducen una complejidad añadida en la comprensión de la inmensidad del universo. Estas controversias y consideraciones teóricas ponen de relieve la importante influencia de la mecánica cuántica en nuestra forma de ver el cosmos, y fomentan un examen de los límites entre la evidencia empírica y el pensamiento especulativo.

XXXII. Mecánica cuántica y arte

Una cautivadora mezcla de mecánica cuántica con el reino del arte pone de relieve una fascinante interacción entre la exploración científica y la invención artística, presentando una perspectiva innovadora para examinar las intrincadas realidades de la vida. Los misteriosos atributos de la mecánica cuántica han cautivado a los artistas, llevándoles a entretejer temas como la ambigüedad, la dependencia mutua y el acto de observar en sus producciones creativas. A través de medios como las obras de arte visuales, las representaciones y las instalaciones espaciales, los artistas se esfuerzan por incitar a la reflexión profunda al tiempo que sacuden los puntos de vista tradicionales sobre la existencia. Fenómenos como la superposición y el entrelazamiento se reimaginan artísticamente con formas no representativas, oscureciendo las líneas que separan lo que se observa de quien observa. Al incorporar a su obra elementos característicos de la mecánica cuántica, los artistas abren una provocadora conversación con los observadores, animándoles a reflexionar sobre las verdades elementales del universo y su papel en medio de estas maravillas. Este entrelazamiento de la expresión artística con la investigación científica amplifica los debates culturales e intensifica nuestra admiración por las enigmáticas profundidades emblemáticas de las sustancias cuánticas.

Interpretaciones artísticas de los conceptos cuánticos

La representación de nociones cuánticas a través del arte aporta una fascinante exploración de la profundidad de la mecánica cuántica, transformando ideas complejas en expresiones visuales y afectivas. Utilizando técnicas variadas como la pintura, la escultura y las exposiciones digitales, los creadores pretenden transformar los sofisticados elementos de los sucesos cuánticos, como la superposición y el entrelazamiento, en formas perceptibles que toquen la fibra sensible de los observadores. Esta fusión entre ciencia y arte no sólo eleva la comprensión social, sino que también enciende el asombro y la reflexión. Las figuras explotan los principios de la física cuántica para forjar obras que desafían los puntos de vista convencionales, animando a los espectadores a considerar el tejido de la existencia. Al expresarse artísticamente, la gente encuentra los temas cuánticos de forma instintiva, fomentando un mayor reconocimiento de las profundidades enigmáticas del universo cuántico.

Influencia en las artes visuales e interpretativas

Desentrañar el complejo dominio de la mecánica cuántica revela su fascinante impacto en los ámbitos de las artes visuales y escénicas, transformando las formas de expresión e interpretación artísticas. Las realidades cuánticas ponen patas arriba las percepciones convencionales de la existencia, animando a los artistas a profundizar en la naturaleza interconectada del universo y en la dinámica de las entidades cuánticas. Nociones como la dualidad de ondas y partículas, junto con el entrelazamiento cuántico, provocan una reevaluación de la narración visual y las representaciones narrativas, disminuyendo las distinciones claras entre el espectador y lo visto. El Principio de Incertidumbre se hace eco de las ambigüedades que se encuentran en los esfuerzos artísticos, incitando a los creadores a dar la bienvenida a la indeterminación mientras forjan rutas creativas innovadoras. Al igual que la mecánica cuántica revolucionó los sectores tecnológicos, ahora impulsa la evolución artística, ampliando los límites de la representación de imágenes, la composición de danza y la creación musical. Al incorporar elementos de las teorías cuánticas a sus prácticas artísticas, los artesanos se aventuran por caminos de descubrimiento -maniobrando a través de las delicadas complejidades inherentes a la mecánica cuántica- para desarrollar obras de arte profundamente arraigadas que se enfrentan a las normas y sumergen a los espectadores en una experiencia inspirada en la estética cuántica.

Diálogos entre artistas y físicos

Conversaciones entre Físicos y Artistas, una intrigante fusión de creatividad artística e investigación científica se unen para sondear los enigmas que rodean a la mecánica cuántica. A través de estas conversaciones, físicos y artistas trabajan mano a mano, elaborando representaciones accesibles y envolventes de intrincadas ideas cuánticas para un público más amplio. Utilizando sus habilidades imaginativas, los artistas traducen teorías complejas como la dualidad onda-partícula, la superposición y el entrelazamiento cuántico en obras emocionalmente poderosas y visualmente convincentes que salvan la distancia entre el lenguaje artístico y la terminología científica. Al integrar elementos de la teoría cuántica con el arte, estas interacciones despiertan el deseo de seguir explorando, al tiempo que promueven la reflexión entre los espectadores sobre las vastas implicaciones de la mecánica cuántica. El intercambio recíproco entre físicos y artistas no sólo profundiza nuestra comprensión de los fenómenos a nivel cuántico, sino que también fomenta un mayor reconocimiento de lo profundamente entrelazadas que están la ciencia, el arte y el propio cosmos, potenciando las aventuras compartidas para comprender el reino de los cuantos.

XXXIII. Mecánica cuántica y economía

La encrucijada de la mecánica cuántica y la economía revela oportunidades fascinantes para replantear los marcos de los sistemas financieros y las metodologías que subyacen a la toma de decisiones. Los elementos clave de la mecánica cuántica, como la superposición y el entrelazamiento, plantean retos a los paradigmas económicos tradicionales al incorporar la incertidumbre y las interconexiones profundas en su núcleo. Con la progresión de la tecnología cuántica, sus efectos concebibles en diversos segmentos económicos son cada vez más pronunciados, sobre todo a través de los avances de la informática cuántica, que ofrecen capacidades superiores para analizar datos y prever tendencias en los sectores financieros. La característica intrínsecamente probabilística de la mecánica cuántica refleja la imprevisibilidad y complejidad de las economías, proporcionando así nuevas perspectivas para gestionar los riesgos y mejorar las estrategias de inversión. Profundizar en esta dependencia mutua entre los fenómenos cuánticos y los principios económicos abre las puertas a enfoques revolucionarios que utilizan estos conceptos para navegar por el complejo tejido de las economías mundiales con mayor precisión y visión.

Teoría Cuántica de la Decisión

La Teoría Cuántica de la Toma de Decisiones implica la integración de los principios de la mecánica cuántica en los marcos de la toma de decisiones, presentando un ángulo innovador sobre las elecciones complejas y la incertidumbre. Al entretejer nociones cuánticas como el entrelazamiento y la superposición en la teoría de la decisión, las personas son capaces de manejar las decisiones con una mentalidad más interconectada y global. Los modelos tradicionales para decidir son puestos a prueba por la Teoría Cuántica de la Decisión, que aporta ideas sobre las interacciones no lineales entre diversos elementos que afectan a las elecciones y los resultados basados en la probabilidad. Este método persuade a las personas para que acepten la vaguedad y consideren varias potencialidades a la vez, reflejando la dinámica de las entidades en la física cuántica. Al comprender y utilizar la Teoría Cuántica de la Decisión, los individuos ganan ventaja a la hora de enfrentarse a las indeterminaciones con más habilidad, llegando a selecciones equilibradas, mejorando así los resultados tanto en el ámbito personal como en el laboral.

Aplicaciones en los mercados financieros

Utilizar la mecánica cuántica en el ámbito de los mercados financieros es un enfoque vanguardista, que aprovecha los aspectos esenciales de las teorías cuánticas para elevar las metodologías de negociación, mejorar la supervisión del riesgo y avanzar en las ejecuciones de operaciones basadas en algoritmos. La proeza de la computación cuántica reside en su extraordinaria capacidad de análisis de datos y velocidad de ejecución, que eclipsa la alcanzable por los sistemas de computación tradicionales, ofreciendo así una formidable ventaja para descifrar la dinámica del mercado y ejecutar decisiones instantáneamente. Mediante el fenómeno de la superposición -que permite a los qubits ocupar numerosos estados simultáneamente- se hacen factibles cálculos intrincados y proyecciones de escenarios multifacéticos, mejorando significativamente las previsiones en condiciones de mercado impredecibles. La encriptación cuántica aporta un nuevo nivel de seguridad a los compromisos financieros gracias a sus capacidades de encriptación teóricamente inexpugnables derivadas de los principios cuánticos, protegiendo eficazmente la información sensible contra las intrusiones digitales. La integración de la mecánica cuántica en las empresas fiscales no sólo transforma las rutinas comerciales, sino que acentúa la influencia de las innovaciones cuánticas a la hora de dictar los futuros panoramas de los mercados mundiales.

Modelización económica y sistemas cuánticos

La convergencia de los sistemas cuánticos y la modelización económica es un desarrollo fascinante que pretende transformar nuestra comprensión de las operaciones de mercado y las intrincadas relaciones financieras. Utilizando los fundamentos de la mecánica cuántica, es concebible que los modelos económicos abarquen con mayor precisión la imprevisibilidad y la interconectividad presentes en los marcos financieros. Las nociones de entrelazamiento y superposición de la teoría cuántica introducen métodos innovadores para examinar las actividades monetarias y predecir los movimientos del mercado con una precisión sin parangón. La aplicación de metodologías cuánticas al ámbito del análisis económico podría mejorar la evaluación del riesgo, perfeccionar los enfoques de inversión y elevar los mecanismos de toma de decisiones en distintos sectores. Con la progresión de la tecnología cuántica, la incorporación de estos sistemas a las teorías económicas presenta una oportunidad considerable para redefinir los futuros entornos monetarios, al tiempo que amplía el ámbito de uso de la física cuántica más allá de sus límites convencionales. Este avance hacia la incorporación de elementos inspirados en la teoría cuántica en la economía pone de relieve amplias perspectivas de intercambios y novedades interdisciplinares en ambos campos: la exploración cuántica y el escrutinio fiscal.

XXXIV. Mecánica cuántica y ciencia medioambiental

La mecánica cuántica, una fuerza central en el despliegue de nuestra comprensión de la ciencia medioambiental, desvela ideas sobre la interconexión del universo y el frágil equilibrio de los ecosistemas. Explorar el entrelazamiento y la superposición cuánticos permite investigar cómo las sutilezas cuánticas pueden afectar a la biodiversidad y a los mecanismos medioambientales. Ilumina las funciones de los fenómenos cuánticos dentro de los sistemas biológicos, alterando potencialmente nuestros métodos hacia la conservación y la sostenibilidad de forma drástica. Por ejemplo, comprender el efecto túnel cuántico en los procesos bioquímicos podría anunciar nuevos enfoques para las estrategias de ahorro energético y reducción de residuos. La fusión de los principios de la física cuántica con los estudios medioambientales podría inducir innovaciones en la generación de energía sostenible y en las técnicas de captura de carbono, poniendo de relieve el papel fundamental de la mecánica cuántica en la mitigación de problemas ecológicos urgentes.

Efectos cuánticos en los sistemas climáticos

A nivel microscópico, el comportamiento de las partículas y la transferencia de energía se ven influidos significativamente por los efectos cuánticos en los sistemas climáticos. Sugiriendo una forma de conexión en grandes extensiones, el entrelazamiento cuántico es un principio clave dentro de la mecánica cuántica que podría tener repercusiones en la dinámica climática a nivel global. El concepto de dualidad onda-partícula, central en la mecánica cuántica, implica que la materia y la energía pueden mostrar características duales que desempeñan un papel en cómo se intercambian la radiación y la energía en la atmósfera terrestre. Comprender estos fenómenos vinculados a la mecánica cuántica podría arrojar luz sobre intrincados procesos relacionados con el clima, como el modo en que se forman las nubes, los cambios en las tendencias de las precipitaciones y lo que compone la atmósfera. Desentrañar lo que subyace en los sistemas climáticos a nivel cuántico podría allanar nuevos caminos para predecir los resultados del cambio climático y diseñar estrategias para contrarrestarlos, demostrando así cómo los principios de la mecánica cuántica encuentran aplicación práctica más allá de las áreas convencionales de la física.

Sensores cuánticos y vigilancia medioambiental

Las tecnologías de vigilancia medioambiental están al borde de una nueva era, gracias a los sensores cuánticos que prometen una mayor precisión y sostenibilidad. Estos dispositivos de alta tecnología aprovechan la mecánica cuántica para lograr una precisión y sensibilidad superiores, alterando el panorama de la recopilación de datos en la vigilancia del clima y los análisis ecológicos. Empleando los fenómenos del entrelazamiento y la coherencia cuánticos, aportan una destreza inigualable en la identificación de alteraciones ecológicas menores, al tiempo que respaldan la formulación instantánea de políticas para la administración de los recursos. El despliegue de mecanismos tan sofisticados en las infraestructuras de observación medioambiental es un buen augurio para enriquecer la veracidad de los datos, señalar preventivamente los peligros ecológicos y fomentar metodologías activas de conservación. A medida que estas herramientas cuánticas avanzan, su papel en el escrutinio medioambiental se perfila como fundamental para lograr avances pioneros, dotando a los estudiosos y a los responsables de la toma de decisiones de conocimientos vitales imprescindibles para la protección de nuestro medio ambiente.

Tecnologías energéticas sostenibles

En el ámbito de los avances energéticos ecológicos, las bases sentadas por la mecánica cuántica influyen enormemente en la transformación de las maniobras energéticas tradicionales. Las innovaciones impulsadas por el progreso cuántico han introducido enfoques novedosos en la gestión de residuos, la generación de energía y la promoción de la gestión ecológica. La utilización de sensores y sustancias de base cuántica permite intensificar los esfuerzos de reciclaje, mejorar la eficiencia en la dispersión de la energía y realizar previsiones precisas para contrarrestar eficazmente las repercusiones de las variaciones climáticas. El fenómeno de la coherencia cuántica dentro de los marcos energéticos permite modificaciones instantáneas y ajustes finos en sistemas generalizados, lo que indica un movimiento significativo hacia metodologías energéticas más prístinas y duraderas. La incorporación de innovaciones cuánticas a las redes energéticas predominantes no sólo amplifica la productividad, sino que también disminuye la degradación ecológica, subrayando la capacidad de la mecánica cuántica para impulsar resoluciones energéticas con visión de futuro y diseñar un futuro con mayor conciencia medioambiental.

XXXV. Mecánica cuántica y nanotecnología

Profundizar en el complejo dominio de la mecánica cuántica y su imbricación con la nanotecnología desvela un rico mosaico de perspectivas científicas. La integración de los principios cuánticos con las tecnologías de construcción a microescala abre caminos hacia avances tecnológicos revolucionarios y usos innovadores. La mecánica cuántica, arraigada en fenómenos como la superposición, el entrelazamiento y la naturaleza dual onda-partícula, ofrece una lente distintiva para modificar la materia a niveles microscópicos. La fusión de estas ideas con la nanotecnología facilita la regulación exacta y la remodelación de las sustancias a escala atómica y molecular, sentando las bases para soluciones pioneras en la atención sanitaria, la fabricación electrónica y las ciencias de los materiales. Aprovechar las características cuánticas de las partículas dentro de marcos diminutos permite a los científicos forjar nanoestructuras con atributos y capacidades de rendimiento superiores, transformando radicalmente diversos sectores. La prometedora intersección entre la mecánica cuántica y la nanotecnología señala un enorme potencial para impulsar aún más las fronteras de la ciencia, al tiempo que fomenta iteraciones tecnológicas sin precedentes; anuncia una era llena de avances que cambiarán las reglas del juego. Esta mezcla acentúa el valor de comprender y desplegar los conceptos cuánticos en el ámbito de los nanoparámetros; este conocimiento moldea el panorama del mañana para los impulsos de la investigación conjunta junto con las evoluciones tecnológicas de vanguardia.

Fenómenos cuánticos a nanoescala

Los fenómenos cuánticos a nanoescala se sumergen en el cautivador dominio de la mecánica cuántica a un nivel minúsculo, desvelando sorprendentes revelaciones que contradicen la física convencional. En dimensiones tan diminutas, las partículas manifiestan características como el entrelazamiento y la superposición, desafiando las percepciones establecidas de la existencia. Investigar estos sucesos ilumina la naturaleza unificada de los seres cuánticos, proporcionando un punto de vista innovador sobre los constituyentes básicos del cosmos. Comprender los fenómenos cuánticos a nanoescala proporciona a los principiantes una comprensión de las complejidades de la mecánica cuántica, facilitando su camino hacia el dominio de nociones más sofisticadas dentro de esta área. Al descifrar los enigmas que rodean a las partículas a nanoescala, las personas pueden discernir los importantes efectos que los mecanismos cuánticos tienen sobre la tecnología, la filosofía y la forma en que concebimos la realidad. Esta investigación establece una base sólida para profundizar en el reino cuántico y su influencia revolucionaria en diversos campos científicos y tecnológicos.

Puntos cuánticos y nanodispositivos

Los nanodispositivos y los puntos cuánticos están a la vanguardia de la tecnología, utilizando los principios de la mecánica cuántica para transformar numerosos sectores. Los puntos cuánticos son partículas semiconductoras a nanoescala que poseen características optoelectrónicas excepcionales debido a los efectos del confinamiento cuántico, lo que facilita su uso en imágenes biomédicas, pantallas y células fotovoltaicas. Estas entidades microscópicas muestran fenómenos como longitudes de onda de emisión sintonizables y niveles de energía distintos debido a efectos cuánticos, lo que potencia la eficacia y funcionalidad de los dispositivos. Los nanodispositivos que integran puntos cuánticos son muy prometedores para aplicaciones de detección, computación cuántica y conservación de la energía, superando los límites de las tecnologías actuales. Al explotar aspectos como el entrelazamiento y la superposición inherentes a la física cuántica, estas innovaciones abren las puertas a aplicaciones sofisticadas que presentan una notable precisión de detección junto con una destreza computacional desconocida hasta ahora. La adopción de estos avances subraya la significativa influencia de la mecánica cuántica en los progresos tecnológicos del mundo real, subrayando un abanico de perspectivas apasionantes para los recién llegados deseosos de adentrarse en este vibrante terreno.

El futuro de la nanociencia

La perspectiva de la nanociencia está llamada a revolucionar numerosos sectores profundizando en las sustancias y modificándolas a escala atómica y molecular. Con la mecánica cuántica ofreciendo perspectivas críticas sobre los fenómenos a nanoescala, la fusión de estos ámbitos promete abrir nuevas puertas en la tecnología, la sanidad y la ecosostenibilidad. La fuerza de la nanociencia reside en su capacidad para diseñar materiales y mecanismos con características personalizadas, allanando el camino para el progreso en campos como la nanoelectrónica, la nanomedicina y la nanoingeniería. Explotar conceptos cuánticos como la superposición y el entrelazamiento en marcos nanométricos permite a los investigadores ampliar los límites de la computación, la detección y la transformación de la energía. Esta combinación de mecánica cuántica con nanociencia proporciona un método integral para abordar problemas intrincados, al tiempo que promueve la novedad en el dinámico dominio de la investigación científica y el avance tecnológico.

XXXVI. Mecánica cuántica e ingeniería

En el ámbito de la ingeniería contemporánea, la mecánica cuántica se sitúa en primera línea, moldeando el progreso tecnológico y alterando lo que consideramos alcanzable. Comprender los conceptos fundamentales, como el entrelazamiento, la dualidad onda-partícula y la superposición, permite a los ingenieros explotar los atributos peculiares de las entidades cuánticas para lograr cambios revolucionarios en áreas como la comunicación y la informática. Desde la perspectiva de la mecánica cuántica, los ingenieros investigan cómo la informática cuántica puede remodelar nuestro mundo digital mediante mejoras de velocidad sin precedentes y una seguridad robusta a través de principios como el entrelazamiento y la superposición. Esta compleja relación entre los esfuerzos de ingeniería y los fenómenos cuánticos abre nuevas oportunidades de avances radicales que están preparados para revisar industrias enteras y cambiar nuestro paradigma tecnológico. Al profundizar en las ricas complejidades que ofrece la mecánica cuántica, los ingenieros trazan el camino hacia una era dominada por las proezas de la ingeniería inspiradas directamente en las teorías cuánticas, lo que nos adentrará en una época marcada por la innovación y el progreso extraordinarios.

Disciplinas de la ingeniería cuántica

Los campos de la ingeniería cuántica abarcan una amplia gama, utilizando conceptos básicos de la mecánica cuántica para fomentar el progreso en numerosos ámbitos tecnológicos. Desde el ámbito de la informática cuántica hasta los secretos de la criptografía cuántica, estas áreas han impulsado el avance de las industrias al proporcionar capacidades informáticas superiores y métodos de comunicación segura basados en fenómenos como la superposición y el entrelazamiento a nivel cuántico. La formulación de la teoría cuántica por pioneros como Max Planck y Niels Bohr ha sentado las bases para novedosas aplicaciones en sectores como la sanidad y los estudios medioambientales. Al profundizar en nociones como la naturaleza dual de las partículas y las ondas, junto con las teorías relativas a los campos cuantizados, los ingenieros que operan en el espectro cuántico desafían los paradigmas de la física convencional, lo que da lugar a avances tangibles como sensores basados en principios cuánticos y materiales innovadores que están redefiniendo los enfoques de la gestión de residuos e impulsando la sostenibilidad energética. La esencia interdisciplinar inherente a los campos relacionados con la ingeniería cuántica pone de relieve cómo el conocimiento teórico se entreteje intrincadamente con el despliegue práctico, influyendo en última instancia tanto en la evolución tecnológica como en la transformación de la sociedad.

Materiales cuánticos y fabricación

En el ámbito de la creación y manipulación de sustancias cuánticas, el complejo dominio de la mecánica cuántica se extiende más allá de la mera teoría para encontrar manifestaciones en el mundo real. Las características distintivas que poseen los materiales cuánticos, extraídas de los principios cuánticos subyacentes, allanan el camino para desarrollos revolucionarios en áreas como la informática y las tecnologías de detección. Mediante sofisticados métodos de fabricación que controlan los estados cuánticos, los científicos pueden elaborar materiales con características personalizadas, explorando así nuevos territorios en la innovación tecnológica. La generación y el ajuste de estas sustancias cuánticas requieren una comprensión profunda de los principios de la mecánica cuántica, como el entrelazamiento y la superposición, que son fundamentales para dirigir los procesos de diseño y producción. Al forjar una conexión entre los aspectos teóricos de las nociones cuánticas y las prácticas empíricas de ingeniería relativas a la formación de materiales, esta coyuntura anuncia nuevos avances en el ámbito de las aplicaciones cuánticas avanzadas, transformando así tanto la comprensión científica contemporánea como los paisajes industriales.

Retos en el diseño de dispositivos cuánticos

Las dificultades en el diseño de dispositivos cuánticos están englobadas en problemas complejos que afloran durante la creación y aplicación de tecnologías basadas en la cuántica. La complejidad inherente a la mecánica cuántica crea obstáculos para diseñar aparatos capaces de utilizar eficazmente sus reglas. Una dificultad clave, la Decoherencia Cuántica, interfiere con los delicados estados cuánticos causando incertidumbre y errores en las operaciones que implican cuántica. Para superar este reto, se necesitan métodos creativos que preserven la coherencia dentro del ámbito cuántico y mejoren la estabilidad del sistema. Además, hacer que estos dispositivos sean escalables es una cuestión profunda, ya que deben funcionar de forma fiable a mayor escala, reduciendo al mismo tiempo las perturbaciones y manteniendo los fenómenos cuánticos. Abordar estas cuestiones requiere un profundo conocimiento tanto de la física cuántica como de sofisticadas técnicas de ingeniería para perfeccionar la arquitectura de los dispositivos y adaptarlos a los usos del mundo real. Los entresijos de la creación de dispositivos para aplicaciones cuánticas ponen de manifiesto la necesidad de una cooperación interdisciplinar y una mejora metodológica continua para aprovechar al máximo lo que ofrece la tecnología cuántica.

XXXVII. Mecánica cuántica y educación

Fomentar una comprensión profunda de las complejidades del universo mediante la integración de la mecánica cuántica en los marcos educativos es crucial para iluminar a los estudiantes de distintos niveles. Al desmitificar principios básicos como la dualidad onda-partícula, la superposición y el entrelazamiento cuántico con métodos claros, los educadores pueden despertar la pasión por la exploración y el pensamiento analítico. El despliegue de ejemplos vívidos e imágenes ayuda a hacer más concretos los conceptos elusivos, mientras que las teorías fundacionales como la ecuación de Schrödinger junto con las interpretaciones, incluidas las de Copenhague a Everett, sirven de base sólida para profundizar en los fenómenos cuánticos. Hacer hincapié en cómo la mecánica cuántica sustenta los avances tecnológicos en áreas como la criptografía y la informática permite a los alumnos apreciar su importancia a la hora de impulsar los avances contemporáneos. Sin embargo, abordar los obstáculos de comprensión relacionados con esta disciplina junto con una disección crítica de sus diversas lecturas podría profundizar en los viajes académicos, fomentando una mayor inmersión en esta fascinante materia. En última instancia, entretejer la mecánica cuántica en los itinerarios educativos prepara a los innovadores en ciernes para que destaquen en su contribución al progreso científico y a las nuevas fronteras tecnológicas.

Desarrollo curricular de la Física Cuántica

El desarrollo de un plan de estudios de física cuántica es un componente esencial para dotar a los alumnos de las herramientas necesarias para explorar las complejidades de este campo. Se necesita un plan de estudios bien elaborado para sentar unas bases sólidas en las nociones básicas de la mecánica cuántica, como la amalgama de las características de onda y partícula, los estados de superposición y las complejidades de los fenómenos de entrelazamiento, garantizando la comprensión mediante ejemplificaciones tangibles y ayudas visuales. Además, las construcciones teóricas como la ecuación propuesta por Schrödinger, junto con las interpretaciones que abarcan tanto el punto de vista de Copenhague como la hipótesis de los muchos mundos, deberían transmitirse en un nivel introductorio sin sumergir a los neófitos en complejos detalles matemáticos. Entretejiendo debates sobre cómo la mecánica cuántica sustenta los avances tecnológicos en campos como los sistemas criptográficos y la informática a nivel cuántico, los alumnos pueden comprender las ramificaciones concretas de estas teorías esotéricas. La estructuración de un plan de estudios que combina hábilmente los conocimientos teóricos con la utilidad empírica permite a los estudiantes atravesar las críticas y los retos asociados a la mecánica cuántica mientras buscan la iluminación dentro de este intrigante dominio.

Métodos de enseñanza innovadores

Las estrategias pedagógicas novedosas son esenciales para desentrañar las complejidades de temas como la mecánica cuántica para los principiantes, facilitando una comprensión profunda de los principios fundamentales. Incorporando contenidos multimedia atractivos, ilustraciones del mundo real y actividades en grupo, los profesores pueden cautivar a los alumnos y despertar su interés por los sucesos cuánticos. El uso de seminarios, programas de orientación y plataformas digitales proporciona una atmósfera enriquecedora para que los estudiantes profundicen en la mecánica cuántica bajo asesoramiento y estímulo. Promover el compromiso práctico y el uso en el mundo real de modelos teóricos, como el dualismo onda-partícula y la ecuación de Schrödinger, puede ampliar la comprensión y el recuerdo de nociones complicadas. Estos métodos creativos no se limitan a hacer accesible la mecánica cuántica, sino que también motivan a un cuadro emergente de estudiosos al vincular las teorías abstractas con aplicaciones tangibles e implicaciones en la realidad.

Preparar a los estudiantes para un futuro cuántico

Equipar a los alumnos para un futuro impregnado de realidades cuánticas implica proporcionarles la sabiduría y las capacidades esenciales para maniobrar a través de los intrincados aspectos de la mecánica cuántica y sus usos tangibles. Iniciar los viajes educativos introduciendo nociones fundamentales como el entrelazamiento, la superposición y la naturaleza dual de las partículas de forma que resulten fáciles de comprender puede despertar el interés y sentar las bases para seguir investigando. Empleando ejemplos ilustrativos para aclarar estos conceptos esotéricos, los profesores pueden hacer que los sucesos cuánticos sean menos místicos y fomentar una contemplación perspicaz. Además, profundizar en los fundamentos teóricos de la mecánica cuántica discutiendo principios clave como la ecuación de Schrödinger junto con diversas interpretaciones, incluidas las de Copenhague y Everett, ofrece a los alumnos una visión holística de las teorías fundamentales. En conclusión, cultivar una sólida comprensión de las ideas cuánticas junto con sus aplicaciones en el mundo real posiciona a los estudiantes de forma más favorable para participar activamente en la dinámica esfera de los avances tecnológicos cuánticos y los progresos científicos.

XXXVIII. Mecánica cuántica y propiedad intelectual

En el ámbito de la mecánica cuántica, su fusión con la propiedad intelectual revela aspectos fascinantes de creatividad y retos jurídicos. Las características excepcionales de las tecnologías cuánticas, como las capacidades de la informática cuántica y la criptografía, plantean dificultades a la hora de obtener patentes y proteger obras innovadoras. A medida que los avances de la tecnología cuántica redefinen las industrias y transforman la protección de datos, es fundamental determinar quién tiene la propiedad y los derechos sobre estos avances cuánticos. Explorar las profundidades de la mecánica cuántica junto con sus usos en el mundo real requiere una comprensión detallada de cómo deben evolucionar las leyes relativas a la propiedad intelectual para cubrir estas tecnologías de vanguardia. El terreno cambiante de la mecánica cuántica afecta a la forma en que se consideran los derechos relacionados con la propiedad intelectual, obligando a los implicados en la elaboración de políticas y leyes a profundizar en el complejo mundo de las invenciones cuánticas para salvaguardar eficazmente las obras creativas. La naturaleza interconectada entre la mecánica cuántica y la propiedad intelectual pone de relieve la necesidad de una estructura jurídica global que fomente la innovación y garantice al mismo tiempo el mantenimiento de los derechos de los creadores en esta era de la tecnología que avanza con rapidez.

Patentar tecnologías cuánticas

Desentrañar la esencia del futuro de la tecnología cuántica depende en gran medida del marco de las patentes, que sustenta de forma crucial la salvaguarda de la innovación y los derechos de propiedad intelectual. Los principiantes que se adentran en las complejidades de la mecánica cuántica deben comprender la importancia de los procesos de patentes para los avances cuánticos. La acción de adquirir patentes en el ámbito cuántico no sólo motiva a las empresas y a los académicos a canalizar recursos hacia la exploración cuántica, sino que también protege sus resultados creativos, promoviendo un entorno competitivo equilibrado al tiempo que estimula una mayor evolución sectorial. Mediante la obtención de patentes en campos cuánticos, los pioneros pueden monetizar sus avances, despejando así el camino para implementaciones tangibles en esferas como la computación y la encriptación cuánticas, entre otros segmentos revolucionarios. Reconocer tanto las complejidades como las imprevisibilidades de la mecánica cuántica, al tiempo que se avanza en el ámbito de las patentes, pone de relieve una búsqueda indispensable de precisión y una planificación astuta para explotar plenamente los saltos en los esfuerzos científicos, junto con las contribuciones a la sociedad mediante el aprovechamiento de las capacidades latentes anidadas en las tecnologías cuánticas.

Consideraciones legales y éticas

Aventurarse en el ámbito de la mecánica cuántica exige un examen exhaustivo de las cuestiones legales y éticas para garantizar una progresión y un despliegue concienzudos de los avances revolucionarios en este campo. A medida que innovaciones como la informática cuántica y la criptografía alteran fundamentalmente los sectores empresariales y modifican los marcos sociales, es crucial ejercer la previsión ética al abordar los dilemas emergentes. Es vital hacer hincapié en la importancia de la transparencia, la responsabilidad y la salvaguarda de los datos para minimizar los peligros y mantener la credibilidad de los avances cuánticos. Además, es esencial que los legisladores y las partes relevantes participen en debates dirigidos a crear normas éticas que supervisen la evolución moral y la introducción de las tecnologías cuánticas. Abordar las preocupaciones relacionadas con la privacidad, mantener la integridad de los datos y considerar las implicaciones en la seguridad mundial son elementos centrales que permiten que las consideraciones éticas influyan significativamente en la dirección que tomarán los futuros descubrimientos de los mecanismos cuánticos, junto con sus consiguientes efectos en la sociedad humana.

Impacto en la innovación y la investigación

La influencia de la mecánica cuántica en la innovación y la investigación, sobre todo en los ámbitos de la tecnología y la física teórica, es profunda. Las innovaciones en la informática cuántica, la criptografía y los sistemas de comunicación se han visto impulsadas por conceptos clave como la superposición, el entrelazamiento cuántico y la dualidad onda-partícula de la mecánica cuántica. Los científicos e ingenieros utilizan estas características distintivas del mundo de los fenómenos cuánticos para crear tecnologías revolucionarias que ostentan capacidades de procesamiento más rápidas, medidas de seguridad mejoradas y nuevas estrategias para resolver problemas. Un impacto tan revolucionario no sólo aborda los obstáculos actuales, sino que también desvela nuevas oportunidades tanto para las investigaciones científicas como para los descubrimientos tecnológicos. La mecánica cuántica ofrece un rico dominio para experimentos inventivos y avances teóricos que impulsan el progreso en diversas áreas, a la vez que motivan a las generaciones de científicos venideras a ampliar sus horizontes respecto a la comprensión del universo. La absorción de las teorías cuánticas tanto en los métodos de investigación como en las aplicaciones tecnológicas moldea el futuro ámbito de la innovación, fomentando un entorno en constante evolución inclinado a descubrir nuevos descubrimientos mediante procesos de experimentación. En última instancia, se pone de relieve el importante papel que desempeñan las perspectivas cuánticas en las vías actuales para desvelar una era dominada por innumerables potenciales relacionados con estos intrincados mecanismos científicos.

XXXIX. Mecánica cuántica y seguridad global

A través de su impacto en la encriptación, la comunicación y los mecanismos de defensa, la mecánica cuántica influye profundamente en la seguridad mundial. La aparición de la criptografía cuántica ha transformado la seguridad de los datos al introducir métodos de encriptación que no pueden comprometerse, con el objetivo de proteger los datos críticos de los peligros en línea. Además, se están revolucionando los canales de comunicación seguros mediante sistemas de comunicación cuántica que emplean principios de distribución cuántica de claves, cruciales para los intercambios en los sectores de la diplomacia y la defensa. Además, los avances en los campos de los sensores y la informática cuánticos tienen una importancia considerable para la seguridad nacional, al reforzar las capacidades de recopilación de inteligencia y evaluación de amenazas. A medida que las infraestructuras de seguridad incorporan cada vez más estas tecnologías cuánticas, cuestiones éticas como el derecho a la intimidad, las prácticas de vigilancia y la posibilidad de militarización deben dirigir las deliberaciones políticas para garantizar que su uso sea transparente y tenga un fundamento ético en el ámbito de la seguridad internacional.

Computación cuántica y criptografía en defensa

En el ámbito de la defensa, la convergencia entre la informática cuántica y la criptografía marca un cambio significativo que requiere una adaptación vigilante y una planificación deliberada. Las notables capacidades de procesamiento de la computación cuántica introducen tanto perspectivas como retos para los sectores de la seguridad. Su facilidad para ejecutar rápidamente cálculos intrincados podría transformar las técnicas de encriptación, reforzando las medidas de protección de datos. Utilizando aspectos fundamentales de la mecánica cuántica, como el entrelazamiento y la superposición, la criptografía cuántica promete un cifrado imposible de descifrar, protegiendo potencialmente la información crítica de defensa contra las incursiones cibernéticas. Sin embargo, este progreso suscita dilemas morales, lo que subraya la necesidad de reflexionar sobre cuestiones relativas a la privacidad de los datos y los paradigmas de la seguridad internacional. A medida que los países se adentran en las repercusiones del despliegue de tecnologías cuánticas en sus estrategias de defensa, resulta crucial desarrollar directrices éticas estrictas y fomentar la colaboración global para garantizar una adopción concienzuda pero segura en la protección de los intereses nacionales.

No proliferación de armas cuánticas

En el actual escenario geopolítico, la inhibición de la propagación del armamento cuántico se erige como una cuestión fundamental, que exige la colaboración mundial y estrictas medidas de control para evitar la intensificación de posibles disputas. Con la progresión de las tecnologías cuánticas, la fabricación de armas cuánticas plantea dilemas morales y de seguridad que requieren un examen detenido. Son cruciales los acuerdos internacionales y las estructuras sólidas para dirigir el empleo y la aplicación de las armas cuánticas, garantizando que no se utilicen para objetivos nefastos o para perturbar la armonía mundial. Mediante la formulación de normas explícitas y sistemas de observación, se puede orquestar eficazmente la lucha contra la proliferación de armamento cuántico, fomentando la tranquilidad y la protección en un ámbito tecnológico en constante evolución. La ejecución de mandatos supervisados abiertamente es crucial para defenderse de las aberraciones en el uso de las facultades cuánticas y preservar el equilibrio en los marcos de seguridad mundiales. Las repercusiones morales asociadas a las herramientas de alteración atómica exigen acciones unificadas de las entidades mundiales para disminuir los peligros y mantener los puntos de referencia éticos dentro de las esferas de evolución técnica.

Acuerdos y normativas internacionales

Los marcos normativos y los acuerdos internacionales son fundamentales para gestionar la utilización ética y el despliegue responsable de los campos tecnológicos cuánticos en avance. El rápido crecimiento en áreas como la detección, la criptografía y la computación cuánticas pone de relieve la necesidad urgente de colaboración mundial para abordar las vulnerabilidades de seguridad y los dilemas morales emergentes. La elaboración de esquemas para las asociaciones mundiales es fundamental para aprovechar favorablemente los avances cuánticos en beneficio de la comunidad, neutralizando al mismo tiempo los riesgos. Corresponde a los arquitectos políticos desentrañar los entresijos de la supervisión de estas tecnologías, con el objetivo de reforzar la protección de datos, la apertura y las medidas de salvaguardia digital. Fomentando el intercambio mutuo entre países, los contratos globales pueden establecer normas que guíen el progreso ético de la innovación, junto con su aplicación y control en el ámbito cuántico, con el objetivo de crear un marco en el que los avances novedosos estén sincronizados con la consideración de la ética y las redes de seguridad colectivas.

XL. Mecánica cuántica y exploración espacial

La mecánica cuántica, al dilucidar los comportamientos y aspectos fundamentales de las partículas, moldea de forma crucial nuestra comprensión de la empresa de la exploración espacial. Profundizar en los reinos cósmicos hace que los fundamentos de la mecánica cuántica sean cada vez más pertinentes para navegar por los intrincados sistemas y sucesos del espacio. Nociones como la superposición y el entrelazamiento cuántico están a punto de transformar las tecnologías de comunicación y propulsión en los viajes espaciales. Este reflejo de la interconexión de las entidades cuánticas en la escala cosmológica insinúa una unidad global entre las estructuras celestes a través de la inmensidad cósmica, acentuando una metodología exhaustiva para desentrañar los secretos cósmicos. Al acoger tanto las incertidumbres como las oportunidades que introduce la mecánica cuántica, estamos a punto de explorar nuevos horizontes en las aventuras del espacio exterior, cerrando esencialmente el abismo entre las complejidades teóricas y sus despliegues prácticos para aventurarnos en territorios inexplorados.

Sensores cuánticos en naves espaciales

En las naves espaciales, el empleo de sensores cuánticos constituye una utilización pionera de los principios inherentes a la mecánica cuántica, que impulsa nuestras aventuras en el cosmos mediante grabaciones detalladas y recopilación de datos. Al capitalizar los fenómenos de entrelazamiento y superposición cuánticos, estos sensores presumen de una precisión y sensibilidad inigualables a la hora de controlar las fuerzas gravitatorias, los niveles de radiación y las peculiaridades del espacio. Estos dispositivos anuncian un avance significativo en la tecnología espacial, dotando a las naves espaciales de la capacidad de atravesar grandes extensiones cósmicas con una delicadeza y fiabilidad incomparables. Su habilidad para percibir pequeñas variaciones en el entorno allana nuevos caminos en astrofísica y cosmología, iluminando aspectos de nuestro universo hasta ahora envueltos en el misterio. Para los novatos en el dominio de la mecánica cuántica, comprender cómo funcionan estos sensores a bordo de las naves espaciales acentúa la influencia palpable que las teorías de esta disciplina vanguardista tienen en las tecnologías de vanguardia; cultivando así un reconocimiento enriquecido de sus complejidades y capacidades que definen este sector transformador.

Comunicación cuántica en el espacio

La comunicación cuántica basada en el espacio es una aplicación avanzada de la física cuántica, rebosante de potencial para transformar fundamentalmente la transmisión de información a larga distancia. Las características distintivas del entrelazamiento cuántico podrían facilitar intercambios seguros e inmediatos a través de las inmensas extensiones del espacio, superando los retos convencionales asociados a la seguridad de los datos y la velocidad de transmisión. Estos avances no sólo ejemplifican las repercusiones tangibles de las teorías cuánticas en los dispositivos contemporáneos, sino que también subrayan los profundos vínculos entre entidades cuánticas dispersas por el espacio. Emplear el entrelazamiento cuántico para comunicarse en el espacio exterior requiere ajustes exactos y metodologías creativas para explotar eficazmente este extraordinario suceso. A medida que nos adentramos en el espacio exterior, la comunicación cuántica emerge como un pilar del avance científico, presentando perspectivas inigualables de transferencias de datos rápidas y seguras que podrían revolucionar nuestra comprensión tanto de la tecnología de las comunicaciones como del propio cosmos.

Implicaciones para los viajes interestelares

Para los viajes interestelares del futuro, la mecánica cuántica introduce consecuencias significativas, actuando como un portal para transformar nuestra comprensión de la navegación por el espacio. Al adoptar fenómenos cuánticos como la superposición y el entrelazamiento, las posibilidades de superar la comunicación a la velocidad de la luz y atravesar inmensas extensiones cósmicas se vuelven tentadoramente alcanzables. Ideas como el teletransporte cuántico podrían iniciar una nueva era para las expediciones con destino a las estrellas, al permitir la transferencia inmediata de datos y posiblemente incluso del propio material. El uso de la naturaleza enlazada de las entidades cuánticas podría establecer redes seguras y eficaces para el diálogo espacial, acortando considerablemente la duración de los viajes y desbloqueando territorios inexplorados en la exploración de galaxias lejanas. A medida que se desvelan los enigmas de la mecánica cuántica, la seductora perspectiva de viajar entre las estrellas pasa de ser una fantasía evasiva a un hecho alcanzable, ampliando los límites tanto de nuestra creatividad como de nuestra destreza técnica para aventurarnos audazmente en reinos antes inexplorados.

XLI. Mecánica cuántica y filosofía de la ciencia

Profundizar en la fusión de la mecánica cuántica y la filosofía de la ciencia exige una profunda reevaluación de los principios básicos junto con los marcos de conocimiento. Las realidades nacidas de la teoría cuántica ponen patas arriba la idea de que todo está predeterminado, lo que suscita profundas reflexiones filosóficas sobre la esencia de la existencia, la exploración de la conciencia y la ilusión o realidad de la autonomía. Maravillas cuánticas como el dualismo partícula-onda, las misteriosas conexiones de las partículas (entrelazamiento) y su capacidad para existir en múltiples estados simultáneamente van mucho más allá de las fronteras de la física, suscitando reflexiones sobre la interconectividad universal y cómo los observadores efectúan cambios en las verdades percibidas. La postura de la Interpretación de Copenhague, según la cual los resultados son probabilidades hasta que se observan, desafía nuestra comprensión de la lógica de causa y efecto y de los sucesos predestinados. Con la mecánica cuántica redefiniendo progresivamente los límites de la exploración científica y allanando el camino para nuevos avances tecnológicos, los debates se desplazan hacia la comprensión de la intrincada danza entre ver para creer (realismo científico) frente al escepticismo sobre las pruebas tangibles (antirrealismo). Esto subraya aún más el vínculo matizado entre presenciar el desarrollo de los acontecimientos e interpretarlos de forma encubierta y expansiva, comparándolos a través de los pliegues del tejido de la existencia mediante lentes de observación. Adentrarse en este camino exploratorio destinado a desentrañar los misterios de nivel principiante que rodean a la mecánica cuántica exige un enfoque integrador; fusionar los ámbitos de aplicación de los conocimientos teóricos con las profundidades filosóficas desentraña amplios panoramas dentro de este dominio desconcertante pero revolucionario.

Realismo científico e instrumentalismo

Perspectivas opuestas, como el instrumentalismo y el realismo científico, delinean la esencia de lo que se cree que representan las doctrinas científicas y las entidades que narran. Al afirmar que las teorías de la ciencia se esfuerzan por lograr una representación precisa de la verdad universal, el realismo científico adopta la noción de que las entidades no directamente observables -como las partículas a nivel cuántico- poseen un ser real y autónomo. Esta perspectiva está ligada a la convicción de que las representaciones veraces de nuestro mundo surgen a través de conjeturas científicas, enriqueciendo así nuestra comprensión de los mecanismos de la naturaleza. Por el contrario, el instrumentalismo aboga por considerar los postulados científicos simplemente como aparatos que ayudan a predecir y dilucidar fenómenos que podemos observar; se abstiene de afirmar la existencia literal de estas entidades invisibles. Para los principiantes que desentrañan los misterios de la mecánica cuántica, distinguir entre estas actitudes filosóficas establece un andamiaje esencial para descifrar comportamientos cuánticos complejos, como los fenómenos de superposición, el entrelazamiento a escala subatómica y las dualidades entre las características de onda y de partícula. Profundizar en la forma en que el instrumentalismo o el realismo pueden esculpir la percepción de las nociones cuánticas ayuda a los investigadores noveles a atravesar el intrincado barniz de la mecánica cuántica con lentes filosóficamente informadas.

Cambio de Teoría y Revoluciones Científicas

Al sumergirnos en el universo de la mecánica cuántica, asistimos a cambios fundamentales en la teoría y a trastornos científicos que redefinen nuestra comprensión del cosmos. Las realidades cuánticas desencadenan una revisión de los paradigmas, desafiando las perspectivas tradicionales y exigiendo un replanteamiento de los principios básicos. La transición de la física clásica a la cuántica, liderada por pioneros como Planck, Bohr y Heisenberg, marca un cambio monumental en la ideología científica. Al destacar la confianza de la Interpretación de Copenhague en la probabilidad, se subraya la naturaleza elusiva de los sucesos cuánticos antes de la observación, lo que contrasta las perspectivas fijas a la vez que promueve un punto de vista adaptable. Esta agitación se desarrolla aún más a través de la exploración de la teoría cuántica de campos por parte de luminarias como Dirac y Feynman; iluminándonos sobre la dinámica de las partículas y las fuerzas naturales. Estos avances no se limitan a profundizar en nuestras percepciones del reino microscópico, sino que también revelan importantes repercusiones potenciales en la tecnología, la filosofía y la forma en que discernimos la realidad. Acoger la incertidumbre y la interconexión inherentes a la mecánica cuántica allana el camino para descifrar los secretos universales y lograr una comprensión integrada del ser.

Mecánica cuántica y método científico

Profundizando en la interacción entre la mecánica cuántica y la metodología en la ciencia, está claro que los conceptos centrales de la teoría cuántica plantean un desafío a las normas científicas establecidas. La esencia probabilística y los principios de incertidumbre inherentes a la mecánica cuántica trastocan la perspectiva determinista convencional, impulsando una revisión de cómo se lleva a cabo la investigación científica. Reconocer fenómenos como la superposición, el entrelazamiento y la naturaleza dual de las partículas y las ondas exige una reevaluación de nuestros métodos para observar e interpretar los acontecimientos a escala microscópica. Al aceptar las conexiones complejas y las características fluidas de las entidades dentro de la física cuántica, los investigadores se ven obligados a tratar con la vaguedad intrínseca que se encuentra en estos fenómenos, abogando por una perspectiva adaptable y de mente amplia para llevar a cabo la investigación. A medida que los investigadores se esfuerzan por comprender cómo influye la mecánica cuántica en nuestra percepción de la realidad, la conciencia y el progreso de la tecnología, surge la necesidad de adaptar el método científico a uno que abarque más complejidad y sutileza en la comprensión a través de la cosmología.

XLII. Mecánica cuántica y literatura

En el ámbito de la literatura, la mecánica cuántica ha resonado profundamente, influyendo en las narraciones con sus misteriosos principios y proponiendo puntos de vista desafiantes sobre la existencia. Los autores infunden a sus creaciones literarias la esencia incierta e interconectada de las teorías cuánticas para indagar en temas como la imprevisibilidad, la vinculación y el carácter mutable de la realidad. Novelas como "La broma infinita", de David Foster Wallace, y la pieza teatral "Arcadia", de Tom Stoppard, entretejen nociones de mecánica cuántica para investigar aspectos intrincados de la vida humana junto con la naturaleza entrelazada de los continuos espacio-temporales. Estas aventuras narrativas hacen algo más que divertir; provocan la contemplación de los lectores sobre el amplio impacto de la mecánica cuántica en la conciencia, las prácticas de elección de autonomía (libre albedrío) y la verdad esencial de la existencia. La fusión de la ciencia con el arte mediante la integración de conceptos cuánticos en las historias presenta un punto de vista distintivo para reflexionar sobre los enigmas universales y nuestra posición en relación con ellos.

Temas literarios inspirados en la Teoría Cuántica

En el ámbito literario, los motivos extraídos de la teoría cuántica han intrigado tanto a los autores como al público, sirviendo como medio para ahondar en las profundidades de la complejidad y la existencia de la realidad. Al establecer analogías entre la imprevisibilidad y la conectividad centrales de la mecánica cuántica con los aspectos polifacéticos de la vida, los escritores crean historias que cuestionan los puntos de vista establecidos y fomentan la reflexión profunda. Temas como el entrelazamiento cuántico y la superposición resuenan en los cuentos a través de ideas de conexión, contraste y toma de decisiones. Protagonistas que se enfrentan a realidades variadas, puntos de vista cambiantes y la difusa línea entre la conciencia y los estados subconscientes reflejan los aspectos desconcertantes de las teorías cuánticas. Mediante sutiles técnicas narrativas y exámenes creativos, estos motivos literarios no sólo divierten, sino que también suscitan la introspección y la reflexión, haciéndose eco de la significativa influencia de la teoría cuántica en nuestra comprensión de la magnitud de ambos cosmos.

Ciencia Ficción y Mecánica Cuántica

Las complejas ideas de la mecánica cuántica están profundamente entrelazadas con el reino de la ciencia ficción, que sirve de lienzo especulativo para diseccionar los enigmas de la zona cuántica. Al fusionar relatos imaginativos con la teoría científica, las narraciones dentro de la ciencia ficción indagan en aspectos de los fenómenos cuánticos como la superposición, el entrelazamiento y la esencia de la realidad, desafiando así los puntos de vista tradicionales y ampliando los límites de la comprensión humana. Las obras de ficción se toman libertades creativas para extender los principios cuánticos a visiones de tecnologías avanzadas, dimensiones alternativas y posibilidades de atravesar el tiempo, atrayendo así a los espectadores y despertando su curiosidad por las doctrinas científicas fundamentales. Mediante la inmersión en los medios de la ciencia ficción, los neófitos pueden cultivar una comprensión sofisticada de las complejidades inherentes a la mecánica cuántica dentro de un marco accesible y relevante que conduzca a una investigación más profunda de las nociones esenciales que andamian nuestra percepción del dominio cuántico.

Estructuras narrativas y conceptos cuánticos

Al profundizar en las complejas narrativas entrelazadas con los principios cuánticos, surge una mezcla de construcciones teóricas y reflexiones filosóficas. La mecánica cuántica desafía los planteamientos narrativos tradicionales con sus intrincados conceptos, como el efecto de superposición y la dualidad partícula-onda, impulsando una reevaluación de lo que percibimos como realidad. Las narrativas tienen la capacidad de entrelazar diferentes puntos de vista y secuencias temporales de forma similar a cómo las entidades cuánticas coexisten en múltiples condiciones a la vez, ofreciendo un tejido narrativo enriquecido. El entretejido de personajes y arcos argumentales refleja el entrelazamiento que se observa entre las partículas cuánticas, lo que sugiere que cada aspecto de una historia tiene el potencial de afectar significativamente a los demás. Al adoptar elementos de incertidumbre y cambiabilidad dentro de la narración, es posible reflejar las ideas centrales de la mecánica cuántica, donde las posibilidades y lo impredecible dictan el flujo de las historias. Esta fusión entre técnicas narrativas y teorías cuánticas incita a reconsiderar las prácticas de narración, explorando lo profundamente entrelazadas que están nuestras nociones de realidad y ficción.

XLIII. Mecánica Cuántica y Estudios de Género

Surgen conexiones intrigantes entre la mecánica cuántica y los estudios de género, que ponen bajo escrutinio los puntos de vista convencionales sobre la identidad, la autonomía y la distribución del poder. Profundizar en las nociones cuánticas centrándose en el género permite investigar cómo conceptos como el entrelazamiento y la superposición pueden servir de metáforas de la interconectividad y maleabilidad de las identidades y presentaciones de género. Del mismo modo que las entidades de la física cuántica coexisten en numerosos estados a la vez, también los individuos pueden atravesar diversos géneros simultáneamente. El fenómeno de la dualidad onda-partícula refleja la comprensión del género como un continuo, en lugar de adherirse estrictamente a un marco dicotómico. Además, el impacto del observador dentro de la teoría cuántica fomenta una reflexión sobre cómo las normas sociales moldean críticamente las percepciones en torno al género. Integrar las perspectivas de la física cuántica en el discurso sobre el género dilucida los complejos procesos que subyacen al desarrollo de la identidad, al tiempo que protesta contra las opiniones fijas sobre lo que define la masculinidad o la feminidad. Esta metodología interdisciplinar no sólo aumenta nuestra comprensión de los aspectos esotéricos de la cuántica, sino que también hace avanzar significativamente los debates en torno a las construcciones sociales relacionadas con los roles de género.

Perspectivas de género en la física

En el ámbito de la exploración y la novedad científicas, incluido el análisis de la mecánica cuántica, los puntos de vista de género influyen considerablemente en la dinámica de la investigación. En el ámbito de la física ha habido históricamente una mayoría masculina, lo que ha provocado una notable ausencia de representación femenina y de grupos minoritarios. Es esencial abordar los prejuicios de género al tiempo que se fomenta la diversidad dentro de la física para construir un entorno que sea a la vez más inclusivo y justo. Inyectar perspectivas de género en los debates sobre mecánica cuántica ayuda a trastocar los relatos establecidos y a elevar las aportaciones variadas en el ámbito de las investigaciones sobre física. Impulsar la inclusión de las mujeres y otros grupos infravalorados en la física puede desvelar percepciones y metodologías novedosas para descifrar los sucesos cuánticos. Adoptar una postura sobre la variedad de género no sólo amplifica la excelencia investigadora, sino que también ayuda a lograr una comprensión más completa y exhaustiva de la mecánica cuántica junto con sus repercusiones sociales. Comprometerse con el avance de la igualdad de género dentro de la física embellece significativamente la disciplina, sentando las bases para revelaciones y avances revolucionarios.

Aportaciones de las mujeres a la ciencia cuántica

En el ámbito de la física cuántica, el papel fundamental desempeñado por las mujeres ha sido decisivo para profundizar nuestra comprensión de los complejos enigmas asociados a la mecánica cuántica. Las mujeres han influido significativamente en la progresión de este campo a través de sus esfuerzos iniciales de investigación y sus descubrimientos pioneros. Personalidades destacadas como Marietta Blau, que contribuyó sustancialmente a los avances en física de partículas y estudios de radiactividad, junto con Chien-Shiung Wu, conocida por sus experimentos críticos que aportaron nuevos conocimientos sobre la desintegración beta y la violación de la paridad, son testimonio de la inestimable contribución de las mujeres a la ciencia cuántica. Sus esfuerzos han ampliado nuestra comprensión de los fenómenos cuánticos, desafiando al mismo tiempo las normas de género convencionales que prevalecen en los círculos científicos. La incorporación de las investigadoras a los estudios cuánticos ha aportado nuevos puntos de vista, metodologías creativas y un entorno académico enriquecido en general, subrayando así su papel indispensable para desentrañar las complejidades ligadas a la mecánica cuántica para las cohortes venideras.

Abordar los prejuicios de género en los campos STEM

Para el avance de una comunidad científica diversa e integradora, es imperativo abordar la cuestión de los prejuicios de género en los ámbitos STEM. Al reconocer y afrontar los prejuicios y estereotipos arraigados, abrimos paso a la igualdad de oportunidades entre géneros. Los esfuerzos dirigidos a la tutoría, el cultivo profesional y las iniciativas académicas son fundamentales para reducir la brecha de género en campos tradicionalmente dominados por los hombres, como la ingeniería y la física. Es crucial motivar a las jóvenes hacia los intereses STEM desde sus años de formación, al tiempo que se garantiza el apoyo a las mujeres tanto en el mundo académico como en el empresarial, impulsando la igualdad de género. Los estudios han demostrado que los equipos con una rica diversidad tienden a ser más inventivos y a lograr mayores éxitos, lo que subraya la necesidad de combatir los prejuicios de género para maximizar el potencial del sector científico. Adoptar un enfoque centrado en la inclusividad dentro de STEM no sólo ayuda a los individuos, sino que también contribuye a avances monumentales, incluidas innovaciones fundamentales como las de la mecánica cuántica, moldeando esencialmente la trayectoria futura de la ciencia junto con los avances tecnológicos.

XLIV. Mecánica cuántica y ciencias sociales

En el ámbito de las ciencias sociales, la fusión de la mecánica cuántica en su marco ofrece revelaciones esclarecedoras sobre la esencia de la conectividad y la imprevisibilidad en los intercambios humanos y los marcos sociales. El fenómeno del entrelazamiento cuántico refleja la compleja red de relaciones interdependientes dentro de los sistemas sociopolíticos, subrayando un vínculo fundamental entre individuos y colectivos. Además, el Principio de Incertidumbre socava las ideologías deterministas muy extendidas en las ciencias sociales, al señalar la naturaleza errática inherente a las acciones humanas y a la evolución de la sociedad. Al aprovechar los conceptos cuánticos para diseccionar los acontecimientos sociales, se hace evidente una mayor comprensión de cómo se toman las decisiones, cómo funcionan las redes y cómo se forma una mentalidad colectiva. Este cambio proporciona ángulos innovadores sobre los tratos interpersonales y la elaboración de políticas. A medida que varias disciplinas experimentan transformaciones debidas a las innovaciones cuánticas, su incorporación a las ciencias sociales revela enfoques novedosos para analizar y maniobrar en el complicado nexo de las relaciones individuales y las construcciones comunitarias.

Impacto sociológico de los descubrimientos cuánticos

La influencia de los avances cuánticos se extiende hasta la sociología, alterando las percepciones de la existencia y la dependencia mutua. La mecánica cuántica trastoca las ideologías convencionales, encendiendo debates sobre la autonomía, la predeterminación y la esencia de la conciencia humana. Fenómenos como el entrelazamiento y la superposición en el reino cuántico tienen implicaciones directas en los avances tecnológicos, contribuyendo a la evolución de áreas como la informática cuántica y la criptografía. Estos avances no sólo impulsan el progreso de las industrias, sino que también plantean cuestiones morales sobre la protección de datos, las medidas de seguridad y los cambios en las estructuras mundiales de autoridad. La capacidad de las innovaciones cuánticas para reformar las fuentes de energía renovables anuncia cambios significativos en la forma en que gestionamos los residuos y logramos la conservación de la energía. Enfrentarse a las complejidades inherentes a la mecánica cuántica es crucial para aprovechar éticamente sus aspectos positivos, al tiempo que nos enfrentamos a retos filosóficos y nos esforzamos por lograr un equilibrio entre el descubrimiento científico y los principios comunitarios. Se necesita una contemplación deliberada seguida de una implicación activa para asimilar los saltos cuánticos con las normas sociales sin fisuras en nuestra existencia cotidiana.

La Mecánica Cuántica en la Toma de Decisiones Sociales

Las enigmáticas pero cautivadoras doctrinas de la mecánica cuántica desempeñan un papel crucial a la hora de influir en los métodos utilizados para tomar decisiones dentro de la sociedad. El concepto de interconectividad y la naturaleza aleatoria que prevalece en los sucesos cuánticos se oponen a los puntos de vista antiguos y predecibles, empujando hacia una forma más detallada de abordar asuntos intrincados. Al aceptar las incertidumbres que subraya la mecánica cuántica, los responsables pueden emplear estrategias que sean adaptables y flexibles al enfrentarse a diversos obstáculos. Además, ideas como la superposición y el entrelazamiento de las teorías cuánticas proporcionan nuevas perspectivas sobre cómo están interconectadas las cosas y revelan numerosos resultados potenciales, iluminando los matices de las complejas interacciones sociales. Aventurarse en la mecánica cuántica no sólo amplía nuestra comprensión de las entidades cósmicas, sino que también desvela importantes entendimientos sobre las acciones y relaciones humanas, dirigiéndonos hacia un método consciente para esculpir nuestro destino compartido. Mediante la meditación sobre los principios que se encuentran en los campos cuánticos, los líderes podrían mejorar la innovación, fomentar la constancia y alimentar la comprensión, elevando su capacidad para resolver creativamente los problemas de la sociedad con una perspectiva variada. Estos esfuerzos conducen inevitablemente a soluciones innovadoras firmemente arraigadas en la sostenibilidad.

Investigación y colaboración interdisciplinares

Avanzar en nuestra comprensión de la mecánica cuántica y sus usos aplicados depende significativamente de la investigación interdisciplinar y de los esfuerzos cooperativos. La creación de asociaciones entre físicos, ingenieros y matemáticos introduce nuevos puntos de vista, que catalizan el desarrollo de resoluciones inventivas y avances pioneros. Esta estrategia interdisciplinar facilita la fusión de diversos conjuntos de habilidades, mejorando el estudio de características cuánticas como el entrelazamiento, la superposición y la dualidad onda-partícula. Las iniciativas de colaboración permiten a los académicos abordar cuestiones intrincadas en campos como la informática cuántica, la criptografía y los marcos de comunicación, preparando el terreno para avances tecnológicos revolucionarios. La colaboración entre diversos campos no sólo acelera los logros científicos, sino que también fomenta un entorno repleto de ideas compartidas y admiración recíproca, lo que es vital para ampliar las fronteras de las investigaciones cuánticas y moldear el futuro centrado en la tecnología.

XLV. Mecánica cuántica y ética

Aventurarse en la elaborada esfera de la Mecánica Cuántica, junto con sus ramificaciones morales, desvela una interrelación dinámica entre la exploración científica y los juicios éticos. Indagar en la profunda conexión de las entidades cuánticas desestabiliza los puntos de vista convencionales sobre la realidad e instiga a reconsiderar los marcos morales. Nociones como el entrelazamiento cuántico y la superposición amplifican la complejidad de la toma de decisiones y el modo en que las observaciones afectan a los sistemas cuánticos. Las facetas morales vinculadas a las innovaciones cuánticas, como la computación y la criptografía, suscitan preocupaciones cruciales sobre la privacidad, la protección y los equilibrios de influencia internacional, lo que urge a establecer unas directrices morales astutas para dirigir su creación y utilización de forma reflexiva. Manejar estas cuestiones éticas es crucial para confirmar que los avances de la tecnología cuántica enriquecen a la sociedad al tiempo que se adhieren estrictamente a las normas éticas. Este debate pone de relieve la importancia de entrelazar las consideraciones éticas tanto en el estudio de las aplicaciones de la Mecánica Cuántica como en la búsqueda de un compromiso con estas tecnologías revolucionarias que sea consciente de sus matices morales.

Implicaciones éticas de las tecnologías cuánticas

Navegar por el terreno ético creado por las innovaciones cuánticas exige una atención meticulosa para un compromiso responsable en áreas como la informática cuántica y la criptografía. Estos saltos tecnológicos son muy prometedores para transformar diversos sectores, pero traen consigo preocupaciones sobre la protección de datos, riesgos para la seguridad y ramificaciones sociales más amplias que deben abordarse a fondo para garantizar su despliegue ético. El potencial de cifrado indescifrable de la criptografía cuántica mediante la distribución de claves cuánticas exige estructuras éticas profundamente arraigadas para impedir su explotación y garantizar la preservación de la privacidad de las personas. A medida que asistimos a una creciente incorporación de las tecnologías cuánticas a la vida cotidiana, resulta crucial que los legisladores, los académicos y las comunidades en general inicien diálogos encaminados a forjar normas que equiparen los avances revolucionarios con la contemplación moral. Esto nos conducirá hacia un futuro en el que los frutos del progreso cuántico se aprovechen de forma beneficiosa para toda la sociedad, al tiempo que se mantienen altos los listones para la innovación y el uso éticamente conscientes.

Responsabilidad en la investigación científica

En el ámbito de la investigación científica, atenerse a un código de conducta es fundamental, más aún en áreas intrincadas como la mecánica cuántica, donde los caminos de las cuestiones éticas y el progreso tecnológico se cruzan a menudo. Quienes exploran los aspectos sutiles de los fenómenos cuánticos están obligados a mantener la honestidad, la rectitud y los principios morales para garantizar que sus descubrimientos se representen con exactitud y se utilicen de forma responsable. Con el auge de las innovaciones basadas en la cuántica, como la informática y la criptografía, que influyen en innumerables sectores, resulta aún más vital que los desarrolladores posean una visión ética en el marco de su trabajo. El reto reside en alinear la exploración del conocimiento con la comprensión de sus efectos potenciales en la sociedad; esto requiere una postura juiciosa y deliberada tanto hacia el descubrimiento como hacia la aplicación en la ciencia. Comprometerse con el escrutinio moral al tiempo que se fomentan debates transparentes sobre cómo afecta la mecánica cuántica a nuestro mundo capacita a los investigadores para recorrer este complejo dominio con la moralidad y la anticipación en primer plano, sentando así las bases de un futuro en el que la ciencia no sólo avance, sino que lo haga de forma reflexiva con respecto a su impacto más amplio.

Educación ética para científicos cuánticos

En el ámbito de la preparación de los científicos cuánticos, un elemento esencial es la tutoría ética, fundamental para maniobrar a través de las complejidades y los posibles predicamentos morales que surgen en la frontera de la exploración innovadora. Los principios éticos establecen una piedra angular para la investigación científica concienzuda, orientando a los investigadores hacia el mantenimiento de la rectitud, la apertura y la responsabilidad en sus esfuerzos. Al tejer la tutela ética en el marco educativo de los científicos cuánticos, las academias pueden imbuir una profunda conciencia y obligación respecto a la ética entre los investigadores emergentes. Esto podría incluir diálogos sobre las consecuencias morales de los avances de la tecnología cuántica, cuestiones relativas a la protección de la privacidad y la seguridad de los datos, y la utilización moral de los avances cuánticos en distintos sectores. En esencia, educar en ética proporciona a los expertos cuánticos los conocimientos necesarios para participar en una toma de decisiones inteligente que respete las normas morales al tiempo que fomenta el desarrollo responsable de las innovaciones cuánticas en un entorno que cambia rápidamente.

XLVI. Mecánica cuántica y lenguaje

Al explorar la cautivadora encrucijada del Lenguaje y la Mecánica Cuántica, surge una profunda conexión que arroja luz sobre la naturaleza fundamental de cómo nos comunicamos. Las palabras que seleccionamos para describir y dar sentido a las complejidades de los fenómenos cuánticos actúan como un vínculo esencial que conecta las ideas teóricas abstractas con la comprensión concreta. Al igual que la mecánica cuántica trastorna las percepciones tradicionales de la existencia, también nuestras construcciones lingüísticas deben remodelarse para contener las acciones contraintuitivas de los objetos cuánticos. El léxico detallado, las terminologías exactas y las representaciones simbólicas de la mecánica cuántica son fundamentales para formar nuestra comprensión de su universo invisible. El lenguaje se transforma en un vehículo para articular conceptos complejos como la superposición, el entrelazamiento y los aspectos duales de partículas y ondas para los novatos, descodificando los enigmas que rodean a la teoría cuántica en revelaciones coherentes. Aprovechando eficazmente el lenguaje como mecanismo para compartir conocimientos sobre las nociones cuánticas, despejamos el camino hacia el enriquecimiento de la comprensión y la admiración por este misterioso dominio; al cruzar los obstáculos lingüísticos se despliegan las maravillas que encierra la mecánica cuántica para quienes están deseosos de aprender.

Terminología y comprensión conceptual

Sumergirse en la esfera de la mecánica cuántica a un nivel introductorio requiere una comprensión básica de ciertas terminologías y conocimientos conceptuales para maniobrar eficazmente a través de sus entresijos. La comprensión de la terminología actúa como una herramienta vital para desentrañar los conceptos profundamente arraigados que forman la base de la mecánica cuántica, facilitando a las personas la comprensión de los principios fundamentales que dictan el comportamiento de las partículas a escala cuántica. Familiarizarse con jerga como la superposición, el entrelazamiento en contextos cuánticos y la dualidad entre ondas y partículas permite a los novatos empezar a descifrar los secretos de este intrigante dominio. Estas ideas actúan como elementos angulares para seguir indagando en los enigmáticos aspectos de la existencia cuántica, iluminando fenómenos que ponen en duda las percepciones convencionales de la realidad. Es esencial que los principiantes desarrollen un sólido dominio conceptual de estos términos para comprender plenamente la naturaleza de la mecánica cuántica y sus repercusiones en el panorama más amplio de la ciencia. Con elucidaciones directas e ilustraciones cautivadoras, los principiantes están en condiciones de embarcarse en un viaje lleno de descubrimientos, que ofrece oportunidades para una comprensión avanzada de los intrincados principios que rigen el reino regido por las leyes cuánticas.

La lengua como herramienta para enseñar Física Cuántica

Como potente mecanismo, el lenguaje desentraña las complejas nociones de la física cuántica a los novatos que se aventuran a comprender este intrincado dominio. Empleando un lenguaje directo y lúcido, los profesores pueden transmitir eficazmente y de forma inteligible conceptos elusivos como la superposición, el entrelazamiento en la mecánica cuántica, la dualidad de la naturaleza onda-partícula y la ecuación de onda. El empleo de casos relacionables, junto con herramientas visuales como experimentos imaginativos y representaciones esquemáticas, permite a los alumnos interiorizar mejor estos principios esenciales. Este método no sólo mejora la comprensión, sino que también cultiva una admiración enriquecida por las revolucionarias hipótesis propuestas por pioneros como Max Planck y Niels Bohr. Aprovechando las capacidades lingüísticas como dispositivo educativo, los instructores pueden disminuir el abismo que separa las teorías cuánticas de los estudiosos principiantes, facilitando así una profundización más amplia y cautivadora en la dimensión cuántica.

Comunicación de las ideas cuánticas al público

La transmisión de las teorías cuánticas a la población es vital para desentrañar intrincadas nociones científicas y promover el compromiso con los avances más avanzados. Para que los principios fundamentales de la mecánica cuántica resulten comprensibles para los neófitos, es esencial ser claro y accesible para reducir la brecha entre la investigación académica y la comprensión general. Simplificando ideas básicas como la superposición, el entrelazamiento en la física cuántica y la dualidad de ondas y partículas mediante ejemplos fáciles de relacionar y ayudas visuales, la gente puede comprender las premisas básicas de la filosofía cuántica. Fomentar un entorno que acoja el debate abierto y los usos inventivos de los multimedia puede elevar la comprensión y despertar el interés por los fenómenos relacionados con la cuántica entre grupos variados. Mediante esfuerzos conjuntos entre educadores, físicos y el público lego, es posible una conversación más amplia y perspicaz sobre la mecánica cuántica; esto mejora la perspicacia científica general, al tiempo que permite a las personas adentrarse con seguridad en las maravillas del Universo Cuántico.

XLVII. Mecánica cuántica y psicología

La fusión de la Mecánica Cuántica con la Psicología desbloquea observaciones profundas sobre la conciencia y las acciones humanas, rompiendo las barreras convencionales de la exploración científica. Los elementos impredecibles y la interconexión que introducen los fenómenos cuánticos refutan la noción de determinismo, alineándose con el examen de la psicología sobre el libre albedrío y la conciencia. En la mecánica cuántica, el efecto observador refleja cómo la percepción humana es inherentemente subjetiva, subrayando cómo la observación altera la realidad, un concepto que resuena en los estudios psicológicos sobre los procesos de percepción y pensamiento. Al acoger las incertidumbres y las circunvoluciones inherentes a la mecánica cuántica, los psicólogos pueden mejorar su comprensión de las funciones y los comportamientos mentales, forjando vías para nuevos esfuerzos de investigación y avances teóricos. Esta fusión anuncia una tentadora perspectiva para investigar cómo la existencia cuántica se entrelaza con la dinámica psicológica, iluminando los complejos vínculos entre el minúsculo mundo de las entidades cuánticas y las vastas complejidades de la conciencia y las actividades humanas.

Enfoques cognitivos de los conceptos cuánticos

Explorar los Conceptos Cuánticos a través de las Lentes Cognitivas ofrece una mirada intrigante sobre cómo se entrelazan la mecánica cuántica y los procesos cognitivos, destacando la interacción entre las construcciones mentales humanas y los intrincados aspectos de los sucesos cuánticos. Al investigar tanto la psicología cognitiva como las teorías de la mecánica cuántica, los estudiosos tratan de reducir la brecha que existe entre nuestra comprensión natural del vasto macromundo y los comportamientos aparentemente paradójicos observados en los fenómenos cuánticos. Mediante la investigación centrada en cómo tomamos decisiones, reconocemos patrones y construimos marcos mentales, estas metodologías cognitivas revelan nuestra percepción e interpretación de nociones cuánticas complejas como el entrelazamiento y la superposición. Dichas estrategias no sólo mejoran nuestra comprensión de la física cuántica, sino que también sientan las bases de técnicas de instrucción creativas dirigidas a principiantes y a personas ajenas a campos especializados, promoviendo un reconocimiento y una comprensión más profundos de conceptos fundamentales esenciales para la física cuántica entre un grupo demográfico más amplio. La interacción entre los estudios cognitivos y la ciencia cuántica ofrece soluciones potenciales para desentrañar los misterios que rodean a los conceptos cuánticos, haciéndolos así más comprensibles para los ávidos aprendices; esto sirve para nutrir una comunidad mejor informada sobre el desconcertante dominio de la mecánica cuántica y, por tanto, más dispuesta a explorarlo.

Impacto psicológico de los descubrimientos cuánticos

La reacción de la mente ante los avances cuánticos va más allá de la simple investigación científica, sondeando profundamente el núcleo de la conciencia humana y cómo percibimos lo real. La revelación de la mecánica cuántica, con sus ideas complejas como la superposición y el entrelazamiento de partículas, desafía viejas creencias e incita a la gente a reevaluar la propia existencia. Estas ideas obligan a abandonar el pensamiento de resultados fijos y a aceptar la incertidumbre como algo intrínseco al tejido del cosmos. A medida que los novatos navegan por el denso territorio de la teoría cuántica, encuentran una unidad entre todas las entidades y se dan cuenta de los efectos monumentales sobre el proceso del pensamiento humano. La inquietud mental provocada por la reflexión sobre conceptos como la naturaleza dual de las ondas y las partículas, junto con el modo en que la observación influye en la realidad, enciende la autorreflexión y las deliberaciones filosóficas sobre la autonomía, el destino frente al libre albedrío y las complejidades tejidas en el tapiz de nuestro universo. Reconocer la influencia mental del descubrimiento de los fenómenos cuánticos puede transformar significativamente la comprensión de un individuo sobre la cosmología y sobre sí mismo; cultiva un respeto enriquecido por los enigmas que trascienden la comprensión tradicional.

La Mecánica Cuántica en la Teoría Psicológica

Las implicaciones de la Mecánica Cuántica para la Teoría Psicológica son fascinantes y trastornan el carro de la manzana de las perspectivas deterministas clásicas sobre la cognición y el comportamiento humanos. El aspecto entretejido de los bits cuánticos, ilustrado por maravillas como el entrelazamiento y la superposición, insinúa un marco novedoso para comprender la conciencia. Las ideas relativas al efecto observador y a cómo la observación moldea la realidad encienden los debates sobre cómo la conciencia humana podría influir en los sistemas cuánticos. Esta encrucijada entre la mecánica cuántica y la teoría psicológica suscita reflexiones sobre la autonomía frente al destino, junto con la esencia de lo que es real, proporcionando un ángulo innovador sobre cómo nuestros pensamientos y elecciones podrían verse influidos por los acontecimientos cuánticos. Indagar en el significado de la mecánica cuántica para la psicología podría revelar nuevos conocimientos sobre el nexo entre la mente y el cuerpo, además de las complejidades inherentes a las acciones humanas. Esta exploración pretende sentar las bases de métodos innovadores para comprender y tratar las enfermedades mentales.

XLVIII. La Mecánica Cuántica y las Artes

La Intersección de la Mecánica Cuántica con la Creatividad Artística" desvela una mezcla absorbente entre los dominios de la ciencia y la destreza imaginativa, destacando la significativa influencia que ejercen las nociones cuánticas en la evolución y la percepción artísticas. Al aventurarse en la comprensión de la compleja esencia de la realidad, la mecánica cuántica es utilizada por los creadores para examinar temas como la dependencia mutua, la imprevisibilidad y la indeterminación dentro de sus producciones. Observando a través de perspectivas de dualidad onda-partícula, los artistas hacen vaga la distinción entre experiencia sensorial y fisicalidad, instando a los espectadores a revisar su comprensión de la forma y el propósito. El concepto de entrelazamiento cuántico anuncia historias de destinos unificados ausentes de proximidad geográfica en obras literarias y de arte visual, incitando a narrar existencias tejidas a través de las distancias. La volatilidad y adaptabilidad inherentes a las dimensiones cuánticas instan a reconsiderar las prácticas artísticas aceptadas, lo que fomenta las reflexiones críticas sobre la auténtica naturaleza de la existencia junto con la conciencia dentro de las expresiones creativas. Al entrelazar los esfuerzos científicos exploratorios con las manifestaciones artísticas, "Mecánica Cuántica con Creatividad Artística" fomenta una reverencia enriquecida hacia los enigmas universales junto con la conectividad omnipresente, erosionando las divisiones disciplinarias al tiempo que provoca una meditación profunda y una admiración maravillada.

Intersecciones entre la Física Cuántica y la Expresión Artística

En la intrigante superposición de la mecánica cuántica y la creatividad artística, observamos un espacio en el que las elusivas ideas de la física cuántica se encuentran con los esfuerzos interpretativos de los artistas. La capacidad del arte para encapsular visualmente las complejidades y conexiones de los sucesos cuánticos no tiene parangón. El entrelazamiento cuántico, la superposición y la dualidad de ondas-partículas sirven de musas a los artistas que pretenden producir obras que redefinan los puntos de vista convencionales y susciten profundas reflexiones sobre la esencia de la realidad. Empleando métodos y materiales novedosos, estos creadores navegan por la ambigüedad y maleabilidad inherentes a los estados cuánticos, suavizando la división entre la investigación científica y la práctica artística. Al incorporar principios de la teoría cuántica a sus obras de arte, estos individuos no sólo traducen nociones científicas complejas para una apreciación más amplia, sino que también incitan debates sobre las verdades fundamentales del ser y la conciencia sensible. Esta confluencia entre el arte influido por la física cuántica crea un ámbito atractivo para profundizar en los enigmas universales a través de la expresión imaginativa, fomentando el autoexamen y ampliando las percepciones sobre el territorio factual de la ciencia y la extensión expresiva del arte.

El arte como medio para explicar las ideas cuánticas

Utilizando el arte como método cautivador, las complejas nociones cuánticas se hacen más claras para un público más amplio, estrechando la división entre la comprensión cotidiana y las teorías científicas. Mediante imágenes artísticas, los elusivos conceptos de superposición y entrelazamiento de la mecánica cuántica se transforman en temas más asequibles e intrigantes para los novatos. La representación artística de la dualidad onda-partícula mediante expresiones vibrantes e imaginativas mejora la comprensión, al tiempo que enciende la curiosidad sobre cómo se entrelazan los elementos cuánticos. Esta ingeniosa estrategia ayuda a desentrañar desalentadores axiomas científicos, al tiempo que anima a reflexionar sobre los profundos efectos de la mecánica cuántica en nuestro cosmos. Emplear el arte para dilucidar las ideas cuánticas no sólo simplifica la educación, sino que también amplifica el reconocimiento de la complejidad y la elegancia inherentes al reino cuántico, demostrando así ser una ayuda pedagógica crucial para los recién llegados que se adentran en los misterios de la mecánica cuántica.

Colaboraciones entre artistas y físicos

La cooperación entre físicos y artistas revela una mezcla intrigante en la que el reino de la precisión científica se encuentra con el mundo de la imaginación creativa, creando posiblemente un conducto desde las complejas teorías que sustentan la mecánica cuántica hasta la esfera palpable del arte. Mediante estas asociaciones, las ideas complejas de la ciencia pueden transformarse en formas visuales que capten una mayor atención y despierten la curiosidad. Al representar fenómenos como la superposición o el entrelazamiento dentro de marcos artísticos, estos esfuerzos conjuntos aportan ideas que van más allá de las explicaciones convencionales de la ciencia, ofreciendo nuevas perspectivas de comprensión y construcción narrativa. Estas asociaciones mutuas profundizan en cómo se entreteje la naturaleza, abriendo nuevos caminos tanto para la exploración imaginativa como para el discurso científico matizado. Los artistas inyectan una nueva vitalidad a las enrevesadas nociones científicas, ayudando a desentrañar los misterios que rodean a las características cuánticas para hacerlas comprensibles incluso a los novatos, cultivando así una comprensión más completa de las dimensiones cuánticas.

XLIX. Mecánica cuántica e innovación

La fusión de la innovación y la mecánica cuántica desvela una capacidad innovadora para mejorar los conocimientos científicos y las tecnologías contemporáneas. La mecánica cuántica trastorna las perspectivas tradicionales de la realidad con nociones como el entrelazamiento y la superposición, provocando revoluciones en sectores como la encriptación y la informática. El Principio de Incertidumbre, junto con el concepto de dualidad onda-partícula, enturbian aún más nuestra comprensión del cosmos, lo que obliga a reevaluar nuestros puntos de vista sobre el tejido de la realidad y nuestra conexión con él. La transición de la mecánica cuántica a la teoría cuántica de campos enriquece nuestra comprensión del reino diminuto, arrojando luz sobre las fuerzas de la naturaleza y las interacciones de las partículas. A medida que los avances en criptografía y computación cuánticas siguen ampliando las limitaciones, estos desarrollos nos invitan a superar las incertidumbres aprovechando la fluidez del fenómeno cuántico tanto para las innovaciones de vanguardia como para las deliberaciones éticas.

Impulsar los avances tecnológicos

Navegar por la frontera de la progresión tecnológica con la mecánica cuántica como guía abre un universo de capacidad que transforma la computación, la comunicación y las metodologías de codificación. Fenómenos como la superposición y el entrelazamiento en los reinos cuánticos desafían las ideologías convencionales, introduciendo mecanismos de velocidad y defensa sin parangón en el ámbito de la manipulación y difusión de datos. Tales conocimientos teóricos encuentran resonancia práctica en áreas como la medicina y los estudios ecológicos, donde los detectores cuánticos mejoran tanto la precisión como la productividad. Aunque incorpora complejidades, la mecánica cuántica actúa igualmente como musa de la creatividad, ampliando los horizontes imaginables en diversos sectores. Comprender estos principios fundamentales de la teoría cuántica no sólo nos ayuda a ser pioneros en el progreso técnico, sino que también enriquece nuestras reflexiones introspectivas sobre la existencia, la conciencia y la dependencia mutua. Al reconocer la indeterminación y aprovechar las enormes posibilidades que ofrecen las innovaciones cuánticas, se dan pasos transformadores hacia el establecimiento de una era dominada por capacidades cuánticas que superan las limitaciones actuales.

Ecosistemas de Innovación Cuántica

Los ecosistemas dedicados a la innovación cuántica son cruciales para la progresión de las tecnologías cuánticas y sus aplicaciones, moldeando los contornos de la ciencia y la tecnología contemporáneas. Estas configuraciones sinérgicas incluyen la interacción concertada entre universidades, entidades de investigación, organismos gubernamentales y colaboradores corporativos, impulsando avances en áreas como la informática cuántica, la comunicación y la encriptación. El fomento de un modo de funcionamiento de colaboración interdisciplinar permite a estos ecosistemas cultivar un entorno en el que las ideas fluyen libremente entre los participantes, al tiempo que se comparten recursos y conocimientos esenciales para abordar los intrincados obstáculos de la investigación y la evolución cuánticas. Recurrir a la destreza intelectual de luminarias como Max Planck, Niels Bohr y Werner Heisenberg ayuda a impulsar descubrimientos y avances fundamentales en el ámbito de la mecánica cuántica. Ya se trate de ahondar en los misterios que rodean al entrelazamiento cuántico o de emplear los principios de superposición en los esfuerzos de computación cuántica, estos ecosistemas son la punta de lanza del desarrollo en la vanguardia de la ciencia, así como de los avances tecnológicos que conducen a una era transformadora marcada por cambios sustanciales en diversos sectores gracias a las potencialidades inherentes a un futuro dominado por los fenómenos cuánticos.

Fomentar la creatividad en la investigación cuántica

Fomentar el pensamiento innovador en el ámbito de los estudios cuánticos es esencial para hacer avanzar la frontera de la exploración científica y el progreso tecnológico. Fomentando una actitud que acepte la incertidumbre y profundice en conceptos no tradicionales, los científicos pueden desvelar nuevas comprensiones y posibles innovaciones dentro de la física cuántica. Esta estrategia facilita el sondeo de nuevas ideas y construcciones teóricas que podrían rebatir modelos bien establecidos, culminando en avances revolucionarios en ámbitos como la informática cuántica y la comunicación segura. La esencia de la creatividad dentro de las investigaciones cuánticas implica mirar más allá de los límites convencionales, reconocer las complejas interrelaciones inherentes a los sucesos cuánticos y emplear estrategias creativas para abordar los retos. Cultivar una atmósfera de inventiva y receptividad permite a los investigadores explotar plenamente las vastas capacidades de la física cuántica, sentando las bases de mejoras revolucionarias que definirán la trayectoria del avance científico y tecnológico.

L. La mecánica cuántica y el futuro

A la vanguardia de la investigación científica, la mecánica cuántica señala el amanecer de una nueva época marcada por los avances tecnológicos y una profunda introspección filosófica. Al desentrañar las complejidades que rodean a los estados cuánticos, el entrelazamiento y la naturaleza dual de las partículas y las ondas, forjamos nuevas vías hacia una era en la que nos aguardan mejoras en la computación, los modos de comunicación y quizás incluso nuestra comprensión de la conciencia. La transición de la física clásica a la cuántica a través de los esfuerzos liderados por luminarias como Planck y Bohr ha sentado las bases para innovaciones basadas en la cuántica que están remodelando diversos sectores. El potencial de la informática cuántica para ofrecer capacidades de procesamiento muy superiores, junto con la seguridad inquebrantable que ofrece la criptografía cuántica, ejemplifica sus ilimitadas aplicaciones. Sin embargo, el viaje a la esencia de la mecánica cuántica nos incita aún más a explorar dimensiones desconocidas relativas a la conciencia cuántica y a cómo la observación se entrelaza con la propia realidad. Aventurarse por este paisaje lleno de ambigüedad e interconexión amplía nuestra visión de lo que se puede conseguir tanto en la ciencia como en las construcciones sociales, impulsándonos a afrontar las enigmáticas preguntas que se descubren al explorar la mecánica cuántica.

Tecnologías emergentes y su impacto

En el floreciente campo de la mecánica cuántica, las nuevas tecnologías están transformando nuestra comprensión del cosmos y liderando innovaciones en múltiples sectores. Las doctrinas de superposición y entrelazamiento de la mecánica cuántica han sido decisivas para impulsar avances significativos en áreas como la informática cuántica y la encriptación, que ofrecen niveles de seguridad y capacidades computacionales sin parangón. Estos avances no sólo están revolucionando el panorama de la industria, sino que también están alterando nuestra conceptualización de la existencia y la interrelación cósmica. Profundizar en los fundamentos teóricos de la mecánica cuántica revela fenómenos complejos como la dualidad partícula-onda y el impacto que tiene la observación en los resultados, sumergiéndonos en los enigmáticos reinos del dominio cuántico. Comprender estas tecnologías emergentes junto con su profunda influencia tanto en la investigación científica como en el desarrollo de la sociedad exige apreciar la ambigüedad y el dinamismo en la forma en que percibimos la realidad, sentando así las bases de un futuro rico en infinitas potencialidades ancladas en la innovación cuántica.

La mecánica cuántica en las sociedades del futuro

Las sociedades del futuro están al borde de una transformación, guiada por la mecánica cuántica, que promete revisar los entornos tecnológicos y cuestionar las normas establecidas. Profundizar en este complejo dominio saca a la luz nociones críticas como la superposición, el entrelazamiento en los reinos cuánticos y la naturaleza dual de partículas y ondas. Estas ideas centrales no sólo profundizan nuestra comprensión del cosmos, sino que también allanan el camino para un progreso revolucionario en áreas como la informática cuántica y los métodos criptográficos seguros. Esto anuncia una época marcada por una mayor seguridad en los protocolos de comunicación y los procedimientos de tratamiento de datos. Las aplicaciones de la mecánica cuántica trascienden sus fundamentos teóricos, ofreciendo resoluciones prácticas a los dilemas actuales; sugiere un futuro dominado por la existencia e indefinición mezcladas de elementos cuánticos que impulsan nuestros avances tecnológicos y debates filosóficos introspectivos. Adoptar las complejidades que conlleva la comprensión de la mecánica cuántica abre oportunidades ilimitadas para alterar drásticamente las estructuras sociales, consolidando su papel como elemento fundamental en los próximos proyectos de investigación científica e innovación.

Especulaciones sobre la evolución de la ciencia cuántica

Las conjeturas sobre el desarrollo de la ciencia cuántica despliegan un mosaico de avances entrelazados que han transformado la física y la tecnología contemporáneas. Al explorar los orígenes históricos de la mecánica cuántica, figuras seminales como Max Planck, Niels Bohr y Werner Heisenberg sentaron las bases de una transformación paradigmática en la forma en que comprendemos el cosmos. Ideas como los estados cuánticos, el entrelazamiento y el Principio de Incertidumbre no sólo han cuestionado las creencias convencionales, sino que también han impulsado el progreso de la informática y las estrategias de encriptación, sentando las bases para las innovaciones en tecnologías basadas en la cuántica, como la criptografía. A medida que la mecánica cuántica sigue explorando sus límites con fenómenos complejos pero cautivadores como la dualidad partícula-onda y el entrelazamiento a nivel cuántico, este viaje especulativo a su progresión incita a reflexionar sobre lo que nos espera en términos de investigación científica y avances tecnológicos. Los atributos místicos de la ciencia cuántica nos invitan a considerar sus capacidades revolucionarias, animando a los novatos a sumergirse en un universo absorbente lleno de potencialidades y revelaciones.

LI. Conclusión

En resumen, cuando indagamos en las complejas dimensiones de la mecánica cuántica, queda claro que el funcionamiento del universo se rige por una serie de principios totalmente distintos de lo que nuestra experiencia cotidiana podría hacernos creer. Nociones como la superposición, el entrelazamiento en la física cuántica y la dualidad entre ondas y partículas desafían nuestra comprensión convencional de la realidad, al tiempo que abren nuevos caminos para la investigación tanto en física como en innovación tecnológica. La evolución histórica de la teoría cuántica a través de los esfuerzos de científicos notables como Planck, Bohr y Heisenberg ha sentado las bases de avances transformadores en ámbitos como la informática y las tecnologías criptográficas. Las incertidumbres inherentes y la intrincada naturaleza de la mecánica cuántica nos obligan a dar la bienvenida a la vaguedad y a reconsiderar nuestra predilección por las interpretaciones deterministas, abogando por una postura adaptativa pero exploratoria hacia los esfuerzos científicos. Mediante la comprensión de los aspectos interrelacionados de las entidades cuánticas y el reconocimiento de las importantes repercusiones de los fenómenos cuánticos en el discurso filosófico y los avances tecnológicos, estamos preparados para adentrarnos en las ambigüedades que nos ofrece el reino de la ciencia cuántica con una curiosidad ansiosa y una comprensión renovada.

Resumen de los puntos clave debatidos

A medida que los principiantes se adentran en las complejidades de la mecánica cuántica, queda claro que comprender sus conceptos básicos es crucial para entender esta complicada área. La exploración de los fenómenos cuánticos desafía las perspectivas tradicionales de la realidad con elementos como el entrelazamiento en la física cuántica, la dualidad de ondas y partículas y el Principio de Incertidumbre de Heisenberg. Iconos como Planck, Bohr y Heisenberg iluminaron estas teorías clave, transformando la física y el desarrollo tecnológico al establecer bases vitales para el progreso en áreas como la informática cuántica y la comunicación segura mediante criptografía. La Interpretación de Copenhague pone de relieve la aleatoriedad inherente a los resultados dentro de los sistemas cuánticos, estimulando debates sobre el destino frente a la voluntariedad. Ahondar en estas profundidades revela una red de hechos interconectados que cuestionan antiguas creencias, al tiempo que sientan las bases para nuevos avances que prometen emocionantes posibilidades para futuros basados en la ciencia y avances tecnológicos.

Reflexión sobre el papel de la mecánica cuántica en la ciencia y la tecnología

La deliberación sobre la influencia de la mecánica cuántica dentro de la ciencia y la tecnología esboza la transformación crítica debida a los fundamentos cuánticos en las novedades contemporáneas. Iniciada por pioneros como Max Planck y Niels Bohr, la mecánica cuántica ha supuesto una revolución en diversos sectores mediante nociones como la superposición, el entrelazamiento y el aspecto dual de ondas y partículas. Estos principios básicos han facilitado avances en áreas como la informática cuántica, la criptografía y los sistemas de comunicación, trastocando las percepciones convencionales de la existencia y ampliando al mismo tiempo los límites tecnológicos. Al profundizar en las características entrelazadas de los objetos cuánticos, junto con la aceptación de la indeterminación en la exploración científica, la mecánica cuántica no sólo amplía las aplicaciones tecnológicas, sino que también incita a reflexiones filosóficas sobre las relaciones causales, la autonomía en la toma de decisiones y la comprensión de la esencia del universo. La incorporación de la mecánica cuántica a la ciencia y la tecnología anuncia un cambio de paradigma que fomenta una mayor comprensión de la realidad y de la complejidad inherente al cosmos, lo que conduce a la innovación y a la creación de nuevos caminos.

Perspectivas y orientaciones futuras de la investigación cuántica

Las perspectivas y vías de avance en el estudio de los fenómenos cuánticos rebosan potencial para redefinir diversos sectores, al tiempo que hacen avanzar las fronteras de la investigación académica. Con los avances en áreas como la computación cuántica y los métodos criptográficos, se abre un horizonte propicio para la transformación de la forma en que procesamos los datos, nos comunicamos y mantenemos la privacidad. Los principios fundacionales de la mecánica cuántica no sólo cuestionan las percepciones convencionales de la existencia, sino que también presentan estrategias procesables para abordar intrincados retos de cálculo. A medida que avanzan las investigaciones sobre los reinos cuánticos, el espíritu de colaboración entre la física, la ingeniería y la informática allana el camino hacia la conquista de nuevos territorios tecnológicos y el fomento de la innovación. Reconocer las incertidumbres inherentes y la interconexión que marcan los sucesos cuánticos resultará fundamental para dirigir las próximas actividades académicas, al tiempo que se maximizan las enormes capacidades que ofrece la teoría cuántica para rediseñar el panorama científico del mañana. Esta fusión de construcciones teóricas con implementaciones tangibles señala una era preparada para convertir en realidad lo que antes parecía inconcebible, anunciando así avances revolucionarios en la investigación y los avances tecnológicos.

Bibliografía

Aleksandr Akovlevich Khinchin. 'Fundamentos matemáticos de la teoría de la información'. Courier Corporation, 1/1/1957

Nick Jones. 'El efecto observador'. Blackstone Publishing, 15/3/2022

Mohammad Reza Pahlavani. 'Temas selectos de las aplicaciones de la mecánica cuántica'. BoD - Libros a la carta, 13/5/2015

División de Ciencias Sociales y del Comportamiento y Educación. 'La enseñanza de las ciencias reconsiderada'. A Handbook, National Research Council, National Academies Press, 3/12/1997

Hans Radder. 'La Realización Material de la Ciencia'. De Habermas a la experimentación y el realismo referencial, Springer Science & Business Media, 5/3/2012

Norma T. Mertz. 'Marcos teóricos en la investigación cualitativa'. Vincent A. Anfara, Jr., SAGE Publications, 30/10/2014

Peter van Loock. 'Teletransporte y entrelazamiento cuánticos'. A Hybrid Approach to Optical Quantum Information Processing, Akira Furusawa, John Wiley & Sons, 3/5/2011

Stewart Wilson. 'Todo sobre Comunicación segura', CreateSpace Independ-ent Publishing Platform, 14/2/2016

Saverio Pascazio. 'Comunicación cuántica y redes cuánticas'. Primera Conferencia Internacional, QuantumComm 2009, Nápoles, Italia, 26-30 de octubre de 2009, Revised Selected Papers, Alexander Sergienko, Springer, 1/8/2010

Giulio Casati. 'Principios de computación e información cuánticas: A Comprehensive Textbook'. Giuliano Benenti, World Scientific, 12/12/2018

Federico Grasselli. 'Criptografía cuántica'. From Key Distribution to Conference Key Agreement, Springer Nature, 1/4/2021

Consejo Nacional de Inteligencia. 'Tendencias Mundiales 2040'. Un mundo más disputado, COSIMO REPORTS, 3/1/2021

División de Ingeniería y Ciencias Físicas. 'Computación Cuántica'. Progreso y perspectivas, Academias Nacionales de Ciencias, Ingeniería y Medicina, National Academies Press, 27/4/2019

Wolfgang H. Polak. 'Computación Cuántica'. A Gentle Introduction, Eleanor G. Rieffel, MIT Press, 29/8/2014

Henry Kyambalesa. 'Marketing en el siglo XXI: Conceptos, Retos e Imperativos'. Conceptos, retos e imperativos, Routledge, 1/11/2017

Jon B. Hagen. 'Electrónica de radiofrecuencia'. Circuitos y aplicaciones, Cambridge University Press, 6/11/2009

Mario Pérez-Montoro. 'El fenómeno de la información'. Un enfoque conceptual del flujo de información, Scarecrow Press, 6/11/2007

Mohsen Razavy. 'Teoría cuántica de los túneles'. World Scientific, 1/1/2003

División de Ciencias Sociales y del Comportamiento y Educación. 'Aprendizaje y comprensión'. Improving Advanced Study of Mathematics and Science in U.S. High Schools, Consejo Nacional de Investigación, National Academies Press, 8/6/2002

R. Shankar. 'Principios de Mecánica Cuántica'. Springer Science & Business Media, 12/6/2012

James C. Robinson. 'Introducción a las ecuaciones diferenciales ordinarias'. Cambridge University Press, 1/8/2004

Paul Urban. 'La ecuación de Schrödinger'. Actas del Simposio Internacional "50 años de la ecuación de Schrödinger", Viena, 10-12 de junio de 1976, Walter Thirring, Springer Science & Business Media, 12/6/2012

Robert W. Seabloom. 'Fundamentos de Ingeniería'. En Measurements, Probability, Statistics, and Dimensions, Keith C. Crandall, McGraw-Hill, 1/1/1970

Jeff Sanny. 'Física Universitaria, Volumen 3'. Samuel J. Ling, Samurai Media Limited, 19/12/2017

Carlo Rovelli. 'Helgoland. Dar sentido a la revolución cuántica', Pen-guin, 24/5/2022

Shan Gao. 'El significado de la función de onda'. En busca de la ontología de la mecánica cuántica, Cambridge University Press, 16/3/2017

Alfred C Ewing. 'Las cuestiones fundamentales de la filosofía (Routledge Revivals)'. Routledge, 3/4/2013

LeeAnn Racz. 'Manual de mediciones'. Benchmarks for Systems Accu-racy and Precision, Adedeji B. Badiru, CRC Press, 10/8/2018

W. Heisenberg. 'Física nuclear'. Open Road Media, 5/7/2019

David Lindley. 'Incertidumbre'. Grupo editorial Knopf Doubleday, 2/12/2008

Abdellatif Zaidi. 'Teoría de la información para la comunicación y el procesamiento de datos'. Shlomo Shamai (Shitz), MDPI, 13/1/2021

F. Selleri. 'La paradoja de Einstein, Podolsky y Rosen en la física atómica, nuclear y de partículas'. Alexander Afriat, Springer Science & Business Media, 11/11/2013

Ralph Barton Perry. 'Teoría General del Valor'. Su significado y principios básicos interpretados en términos de interés, Longmans, Green, 1/1/1926.

Jed Brody. 'Entrelazamiento cuántico'. MIT Press, 18/2/2020

Letitia Meynell. 'Experimentos mentales en filosofía, ciencia y arte'. Mélanie Frappier, Routledge, 1/1/2013

Gabriel Popescu. 'Principios de biofotónica'. Sistemas lineales y la transformada de Fourier en óptica. Volumen 1, IOP Publishing, 1/1/2018

Karol Życzkowski. 'Geometría de los estados cuánticos'. An Introduction to Quan-tum Entanglement, Ingemar Bengtsson, Cambridge University Press, 18/8/2017

Joshua Isaacson. 'Computación cuántica para curiosos cuánticos'. Ciaran Hughes, Springer Nature, 22/3/2021

Michael de Podesta. 'Comprender las propiedades de la materia'. CRC Press, 18/5/2020

Consejo Editorial de Oswaal. Oswaal NTA NEET (UG) PLUS Supplement for Addi-tional Topics (Physics, Chemistry, Biology) and 10 Mock Test Papers, Updated As Per New Syllabus (Set of 2 Books) For 2024 Exam. Oswaal Books, 12/5/2023

G. Alwyn Zittrauer. 'Una epopeya de la existencia metafísica'. Ediciones BOT, 1/1/2005

Franco Selleri. 'Dualidad onda-partícula'. Springer Science & Business Media, 6/12/2012

Robert B. Sanders. 'Contribuciones de científicos afroamericanos a los campos de la ciencia, la medicina y los inventos'. Nova Publishers, Incorporated, 1/1/2015

Helge Kragh. 'Generaciones Cuánticas'. A History of Physics in the Twentieth Century, Princeton University Press, 24/3/2002

Jeff Suzuki. 'Las matemáticas en el contexto histórico'. MAA, 27/8/2009

Lucile Vaughan Payne. 'El animado arte de escribir'. Palabras, frases, estilo y técnica -- una guía esencial para una de las habilidades más necesarias de hoy en día', Penguin, 3/1/1969

Karl A. Van Bibber. 'Simposio del Centenario de Edward Teller'. La física moderna y el legado científico de Edward Teller : Livermore, CA, EE.UU., 28 de mayo de 2008, Stephen B. Libby, World Scientific, 1/1/2010

R. Mirman. 'Mecánica Cuántica, Teoría Cuántica de Campos'. Geometría, Lenguaje, Lógica, iUniverse, 1/12/2004

David J. Griffiths. 'Introducción a la Mecánica Cuántica'. Cambridge University Press, 1/1/2017

www.ingramcontent.com/pod-product-compliance
Lightning Source LLC
Chambersburg PA
CBHW050206230526
45470CB00001B/264